中国高职院校计算机教育课程体系规划教材

丛书主编：谭浩强

Visual Basic 程序设计 实用教程

秦虎锋　王学卿　唐永芬　王　振　编著

U0131759

中国铁道出版社
CHINA RAILWAY PUBLISHING HOUSE

内 容 简 介

本书较为详细地介绍了 Visual Basic 6.0 语言的基础知识、程序设计方法和开发数据库的方法。全书共 8 章，内容包括：Visual Basic 的集成开发环境；使用窗体的属性、事件、方法设计一个简单的欢迎界面；条件选择结构、循环结构、数组和过程；设计一般界面的方法；设计复杂用户界面的方法；图形控件及常用的图形方法；处理文件的方法；以及 Visual Basic 与 Access 数据库的应用。

本书适合作为高职高专计算机专业学习 Visual Basic 程序设计的教材，也可作为非计算机专业学习计算机程序设计语言的教材，还可作为有关工程技术人员和计算机爱好者进行应用软件开发的参考书。

图书在版编目（CIP）数据

Visual Basic 程序设计实用教程 / 秦虎锋等编著
—北京：中国铁道出版社，2010.2
中国高职院校计算机教育课程体系规划教材
ISBN 978-7-113-11099-4

Ⅰ.①V⋯　Ⅱ.①秦⋯　Ⅲ.①
BASIC 语言－程序设计－高等学校：技术学校－教材　Ⅳ.
①TP312

中国版本图书馆 CIP 数据核字（2010）第 032210 号

书　　名：Visual Basic 程序设计实用教程
作　　者：秦虎锋　王学卿　唐永芬　王　振　编著

策划编辑：秦绪好　刘彦会
责任编辑：翟玉峰　　　　　　　　　　编辑部电话：（010）63560056
编辑助理：张　丹　　　　　　　　　　版式设计：于　洋
封面设计：付　巍　　　　　　　　　　封面制作：白　雪
责任印制：李　佳

出版发行：中国铁道出版社（北京市宣武区右安门西街 8 号　　　邮政编码：100054）
印　　刷：北京海淀五色花印刷厂
版　　次：2010 年 4 月第 1 版　　　2010 年 4 月第 1 次印刷
开　　本：787mm×1092mm　1/16　印张：15.5　字数：373 千
印　　数：4000 册
书　　号：ISBN 978-7-113-11099-4
定　　价：26.00 元

版权所有　侵权必究

本书封面贴有中国铁道出版社激光防伪标签，无标签者不得销售

凡购买铁道版图书，如有印制质量问题，请与本社计算机图书批销部联系调换。

<<< 中国高职院校计算机教育课程体系规划教材

编审委员会

主　任：谭浩强

副主任：严晓舟　丁桂芝

委　员：（按姓名笔画排列）

王学卿　方少卿　安志远　安淑芝　杨　立

宋　红　张　玲　尚晓航　赵乃真　侯冬梅

秦建中　秦绪好　聂　哲　徐人凤　高文胜

熊发涯　樊月华　薛淑斌

近年来，我国的高等职业教育发展迅速，高职学校的数量占全国高等院校数量的一半以上，高职学生的数量约占全国大学生数量的一半。高职教育已占了高等教育的半壁江山，成为高等教育中重要的组成部分。

大力发展高职教育是国民经济发展的迫切需要，是高等教育大众化的要求，是促进社会就业的有效措施，是国际上教育发展的趋势。

在数量迅速增长的同时，必须切实提高高职教育的质量。高职教育的质量直接影响了全国高等教育的质量，如果高职教育的质量不高，就不能认为我国高等教育的质量是高的。

在研究高职计算机教育时，应当考虑以下几个问题：

（1）首先要明确高职计算机教育的定位。不能用办本科计算机教育的办法去办高职计算机教育。高职教育与本科教育不同。在培养目标、教学理念、课程体系、教学内容、教材建设、教学方法等各方面，高职教育都与本科教育有很大的不同。

高等职业教育本质上是一种更直接面向市场、服务产业、促进就业的教育，是高等教育体系中与经济社会发展联系最密切的部分。高职教育培养的人才的类型与一般高校不同。职业教育的任务是给予学生从事某种生产工作需要的知识和态度的教育，使学生具有一定的职业能力。培养学生的职业能力，是职业教育的首要任务。

有人只看到高职与本科在层次上的区别，以为高职与本科相比，区别主要表现为高职的教学要求低，因此只要降低程度就能符合教学要求，这是一种误解。这种看法使得一些人在进行高职教育时，未能跳出学科教育的框框。

高职教育要以市场需求为目标，以服务为宗旨，就业为导向，以能力为本位。应当下大力气脱开学科教育的模式，创造出完全不同于传统教育的新的教育类型。

（2）学习内容不应以理论知识为主，而应以工作过程知识为主。理论教学要解决的问题是"是什么"和"为什么"，而职业教育要解决的问题是"怎么做"和"怎么做得更好"。

要构建以能力为本位的课程体系。高职教育中也需要有一定的理论教学，但不强调理论知识的系统性和完整性，而强调综合性和实用性。高职教材要体现实用性、科学性和易学性，高职教材也有系统性，但不是理论的系统性，而是应用角度的系统性。课程建设的指导原则"突出一个'用'字"。教学方法要以实践为中心，实行产、学、研相结合，学习与工作相结合。

（3）应该针对高职学生特点进行教学，采用新的教学三部曲，即"提出问题—解决问题—归纳分析"。提倡采用案例教学、项目教学、任务驱动等教学方法。

（4）在研究高职计算机教育时，不能孤立地只考虑一门课怎么上，而要考虑整个课程体系，考虑整个专业的解决方案。即通过两年或三年的计算机教育，学生应该掌握什么能力？达到什么水平？各门课之间要分工配合，互相衔接。

（5）全国高等院校计算机基础教育研究会于 2007 年发布了《中国高职院校计算机教育课程体系 2007》（China Vocational-computing Curricula 2007，简称 CVC 2007），这是我国第一个关于高职计算机教育的全面而系统的指导性文件，应当认真学习和大力推广。

（6）教材要百花齐放，推陈出新。中国幅员辽阔，各地区、各校情况差别很大，不可能用一个方案、一套教材一统天下。应当针对不同的需要，编写出不同特点的教材。教材应在教学实践中接受检验，不断完善。

根据上述的指导思想，我们组织编写了这套"中国高职院校计算机教育课程体系规划教材"。它有以下特点：

（1）本套丛书全面体现 CVC 2007 的思想和要求，按照职业岗位的培养目标设计课程体系。

（2）本套丛书既包括高职计算机专业的教材，也包括高职非计算机专业的教材。对 IT 类的一些专业，提供了参考性整体解决方案，即提供该专业需要学习的主要课程的教材。它们是前后衔接，互相配合的。各校教师在选用本丛书的教材时，建议不仅注意某一课程的教材，还要全面了解该专业的整个课程体系，尽量选用同一系列的配套教材，以利于教学。

（3）高职教育的重要特点是强化实践。应用能力是不能只靠在课堂听课获得的，必须通过大量的实践才能真正掌握。与传统的理论教材不同，本丛书中有的教材是供实践教学用的，教师不必讲授（或做很扼要的介绍），要求学生按教材的要求，边看边上机实践，通过实践来实现教学要求。另外有的教材，除了主教材外，还提供了实训教材，把理论与实践紧密结合起来。

（4）丛书既具有前瞻性，反映高职教改的新成果、新经验，又照顾到目前多数学校的实际情况。本套丛书提供了不同程度、不同特点的教材，各校可以根据自己的情况选用合适的教材，同时要积极向前看，逐步提高。

（5）本丛书包括以下 8 个系列，每个系列包括若干门课程的教材：

① 非计算机专业计算机教材
② 计算机专业教育公共平台
③ 计算机应用技术
④ 计算机网络技术
⑤ 计算机多媒体技术
⑥ 计算机信息管理
⑦ 软件技术
⑧ 嵌入式计算机应用

以上教材经过专家论证，统一规划，分别编写，陆续出版。

（6）丛书各教材的作者大多数是从事高职计算机教育、具有丰富教学经验的优秀教师，此外还有一些本科应用型院校的老师，他们对高职教育有较深入的研究。相信由这个优秀的团队编写的教材会取得好的效果，受到大家的欢迎。

由于高职计算机教育发展迅速，新的经验层出不穷，我们会不断总结经验，及时修订和完善本系列教材。欢迎大家提出宝贵意见。

全国高等院校计算机基础教育研究会会长
"中国高职院校计算机教育课程体系规划教材"丛书主编 谭浩强

2008 年 8 月于北京清华园

　　Visual Basic 是微软公司开发的一种可视化应用程序开发工具，是一种面向对象的程序设计语言。它覆盖了程序设计中文件访问技术、数据库访问技术、图形处理技术和多媒体技术等多个方面。它的特点是简单易学、功能强大、应用灵活、可视性好，在信息管理、多媒体应用、计算机网络等许多领域得到广泛的应用，是国内最流行的程序设计语言之一。

　　本书主要面向程序设计语言的初学者，Visual Basic 6.0 知识体系庞大、涉及内容繁多，很多初学者在开始学习时面临的一个主要问题就是：很多理论知识学了很长时间却不得要领，不能进行应用程序的开发。为避免初学者学习时出现同样的问题，本书从 Visual Basic 6.0 庞大的知识体系中选择了最常用、最重要的知识点进行讲解，通过这些要点的学习来引导初学者尽快入门。编写时每章基本采用"项目导入、任务驱动"的模式，将知识要点转换为要完成的任务，各个小任务组合成一个项目；在介绍任务时采用"先设置任务目标、再演示任务效果、最后给出实现步骤"的方式，这种方式强调结果和实现步骤，从而巩固了相关的理论知识，有利于培养学生解决实际问题的能力。

　　本书较为详细地介绍了 Visual Basic 6.0 语言的基础知识、程序设计方法和开发数据库的方法。全书共 8 章：第 1 章介绍 Visual Basic 的集成开发环境；第 2 章介绍使用窗体的属性、事件、方法并设计一个简单的欢迎界面；第 3 章介绍条件选择结构、循环结构、数组和过程，这些都是编程时经常用到的，是后续章节的基础；第 4 章介绍设计一般用户界面的方法，讲解常用基本控件如命令按钮、文本框和列表框等的使用方法；第 5 章介绍设计复杂用户界面的方法，讲解常用高级控件如菜单、工具栏和状态栏等的使用方法；第 6 章介绍图形控件及常用的图形方法；第 7 章介绍文件的使用方法；第 8 章通过综合实例，介绍使用 Visual Basic 6.0 开发管理信息系统的方法。

　　本书各章所用范例基本来自于我们的课堂教学，并都已经过编者的调试，均能正常运行。在每一章的最后实战训练部分均配有一定数量的习题，以方便学生课后巩固和练习。

　　本书由秦虎锋、王学卿、唐永芬、王振编著，其中第 4～6 章由秦虎锋老师编写，第 3 章由王学卿老师编写，第 7、8 章由唐永芬老师编写，第 1、2 章由王振老师编写。本书适合作为高职高专计算机专业学习 Visual Basic 程序设计的教材，也可作为非计算机专业学生学习计算机程序设计语言的教材，还可作为有关工程技术人员和计算机爱好者进行应用软件开发的参考书，以及广大计算机爱好者的自学参考书。

　　由于时间仓促，再加上编者水平有限，书中错误及不妥之处在所难免，敬请广大读者批评指正。

编　者

2010 年 2 月

第 1 章

开始使用 Visual Basic 6.0

学习目标：

- 正确安装 Visual Basic 6.0 简体中文版
- 掌握 Visual Basic 6.0 的启动和退出方法
- 掌握 Visual Basic 6.0 的集成开发环境

能力目标：

- 安装 Visual Basic 6.0 简体中文版的能力
- 熟练使用 Visual Basic 6.0 集成开发环境的能力

1.1　Visual Basic 简介及特点

1．Visual Basic 简介

VB（Visual Basic）是微软公司开发的一个快速可视化程序开发工具软件，它具有强大的编程能力和广泛的应用范围。主要表现在：基于对象的设计方法、极短的软件开发周期、较易维护的代码。

Visual 指的是开发图形用户界面（GUI）的方法。Basic 指的是 BASIC（Beginners All-purpose Symbolic Instruction Code）语言，它是一种在计算技术发展历史上应用最为广泛的语言之一。

Visual Basic 是一个强大的编程工具，可以利用它开发小型的桌面系统和应用程序，更可以利用它创建企业级的、分布式的和基于 Web 高性能的应用程序部件。VB 6.0 运行在 Windows 9x 或 Windows NT 操作系统下，是一个 32 位的应用程序开发工具。其新增的性能是增强了数据库功能和引入了 Internet 环境。强大的数据库管理功能、创建数据库应用的各种向导和内建报表设计器以及强大的组件开发能力，可以开发出完整的数据库应用系统；DHTML 设计器和 WebClass 设计器可以轻松地创建基于客户端和基于服务器的 Internet 应用程序；各种应用对象、组件及外部函数的使用，能够开发出各种类型的多媒体应用程序。可以说 VB 6.0 的功能非常强大、使用也很灵活。

按照不同的开发要求，Visual Basic 6.0 分为以下三个版本：

- 学习版：用来开发 Windows 9x 和 Windows NT（R）应用程序。该版本包括所有的内部控件（标准控件）以及网格、选项卡和数据绑定控件。
- 专业版：向计算机专业人员提供了一套功能完整的工具，包含了学习版的所有功能，还附加了 ActiveX 控件、Internet Information Server 应用程序设计器、集成数据工具和数据环境、Active Data Objects 以及动态 HTML 页面设计器。
- 企业版：允许专业人员以小组的形式来创建健壮的分布式应用程序。它包括专业版的所有功能，加上 Back Office 工具，如 SQL Server、Microsoft Transaction Server、Internet Information Server、Visual Source Safe、SNA Server 等。

2．Visual Basic 6.0 的新特点

（1）提供了面向对象的可视化编程工具

同其他的可视化程序开发工具一样，VB 具有可视化设计的特点，微软的 Word 在刚使用时，同 WPS 竞争的一个重要的功能就是字处理"所见即所得"，VB 在设计应用程序界面时也是"所见即所得"。在设计时，预期的应用程序界面，完全可以通过键盘、鼠标画出来，而不是编制大量的代码后再编译生成，如果需要修改，也可利用键盘、鼠标手动修改，而底层的一些程序代码可由 VB 自动生成或修改。

VB 为用户提供大量的界面元素（在 VB 中称为控件对象），这些控件对象对于熟悉 Windows 应用程序的用户而言一点也不陌生，如"窗体"、"菜单"、"命令按钮"、"工具按钮"、"检查框"等，用户只需要利用鼠标、键盘把这些控件对象拖动到适当的位置，设置它们的大小、形状、属性等，就可以设计出所需的应用程序界面。

（2）事件驱动的编程机制

自 Windows 操作系统推出以来，图形化的用户界面和多任务、多进程的应用程序要求程序设计不能是单一性的。因此，在使用 VB 设计应用程序时，必须首先确定应用程序如何同用户进行交互。例如，发生鼠标单击、键盘输入等事件时，用户必须编写代码，控制这些事件的响应方法，即事件驱动编程。

前面已经说到，在 VB 中把窗体以及"菜单"、"按钮"等控件称为对象，如果设计出了应用程序，那么与应用程序的用户直接进行交互的就是这些对象组成的图形界面，也称为用户接口或用户界面。在设计应用程序时就必须考虑到用户与程序之间的交互（甚至程序和程序之间也会有通信和交互），用户基本上是通过鼠标和键盘与应用程序进行交互的，这时那些对象就必须对鼠标和键盘操作所引发的事件做出响应，所谓"响应"有可能是这些对象改变自身或其他对象的一些属性，在与用户交互过程中改变对象属性这一过程可以利用对象的"方法"来实现。

（3）交互式开发

Visual Basic 6.0 在程序设计时可以随时对各功能模块或对象进行测试，实现一边编写程序一边执行调试的操作功能，这是 C 语言、Java 等其他语言无法比拟的。

（4）Windows 资源共享

Visual Basic 6.0 的程序开发和 Windows 操作系统紧密相连，充分利用了操作系统的环境和功能。可以方便地调用 Windows 的函数和应用程序，利用 Windows 操作系统的环境及网络功能，开发出各种类型的应用程序。

（5）开放的数据库功能与网络支持

VB 6.0 具有自带数据库和报表设计器，有 Data、ADO、DAO、RDO 及数据环境等部件，可以和数据源、各种数据库很方便地连接和操作，并且可以调用 Excel 来制作报表等。VB 6.0 可以使用 DHTML 和 WebClass 设计器设计基于客户端和基于服务器的网络应用程序。

（6）得心应手的应用程序向导

VB 6.0 提供了程序设计向导，为初学者提供了一个"良师"，根据向导，读者可以学会很多设计功能。

（7）完善的联机帮助功能

MSDN 是 VB 6.0 的一个"使用教程"，通过它可以全方位地掌握 VB 6.0 的使用。这与 Word 中的帮助功能类似。

1.2　安装、启动与退出 Visual Basic 6.0

1．安装 Visual Basic 6.0

Visual Basic 6.0 系统可以在一张独立的 CD 盘上，也可以在"Visual Studio（Visual C++、Visual Foxpro、Visual J++、Visual InterDev）"产品的第一张 CD 盘上。一般都有一个 Visual Basic 自动安装程序，也可以执行 VB 6 子目录下的 Setup.exe 程序，在安装程序的提示下进行操作，对初学者可采用"典型安装"方式。与以前 Visual Basic 版本不同的是，Visual Basic 6.0 联机帮助文件使用 MSDN（Microsoft Developer Network Library）文档的帮助方式，与 Visual Basic 6.0 系统不在同一张 CD 盘上，而与"Visual Studio"产品的帮助集合在两张 CD 盘上。在安装过程中，系统会提示插入 MSDN 盘。

当安装好 Visual Basic 6.0 系统后，有时可根据需要添加或删除某些部件，可插入 CD 盘重新执行 Setup.exe 安装程序，安装程序会检测当前系统安装 Visual Basic 6.0 的组件，用户单击"添加/删除"按钮后，在"安装维护"对话框中选定要添加的部件或撤销选定要删除的部件。

2．启动 Visual Basic 6.0

与一般的 Windows 应用软件一样，有以下两种启动方式：

① 首次使用时，通过"开始"按钮，选择"程序" | "Microsoft Visual Studio 6.0 中文版" | "Microsoft Visual Basic 6.0 中文版"命令，就可以启动 Visual Basic 6.0。弹出"新建工程"对话框，并进入到"Visual Basic 6.0 集成开发环境"，如图 1-1 和图 1-2 所示。

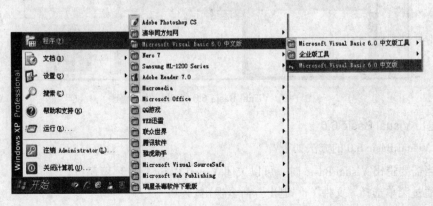

图 1-1　开始菜单

图 1-2 "新建工程"对话框

② 为下次启动方便，将 Microsoft Visual Basic 6.0 图标在桌面上建立快捷方式，在下次启动时，用鼠标双击该快捷键即可进入"Visual Basic 6.0 集成开发环境"，如图 1-3 所示。

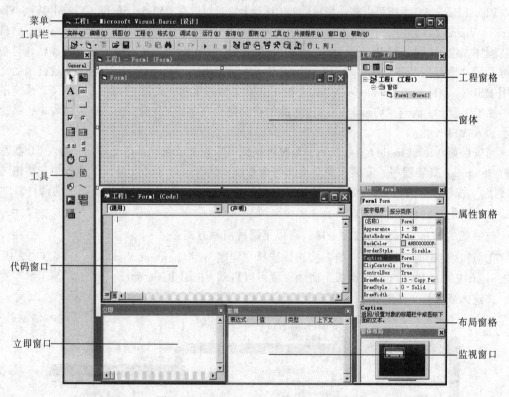

图 1-3　Visual Basic 6.0 集成开发环境

3. 退出 Visual Basic 6.0

退出 Visual Basic 6.0 的方法如下：

- 当需要退出 Visual Basic 时，可以关闭 Visual Basic 集成环境窗口。
- 通过菜单选择"文件"|"退出"命令退出。
- 通过按【Alt+Q】组合键退出 Visual Basic，返回 Windows 桌面。

1.3 Visual Basic 6.0 集成开发环境

Visual Basic 6.0 的集成环境与 Microsoft Office 家族中的软件类似。其工具按钮具有提示功能；右击可显示相应部分快捷菜单；用户可自定义菜单；在对象浏览窗口中可查看对象及相关属性。集成开发环境窗口如图 1-3 所示，除了 Microsoft 应用软件常规的标题栏、菜单栏、工具栏外，还包括 Visual Basic 6.0 的几个独立窗口。

1. 标题栏

在图 1-3 中，标题栏的标题为"工程 1-Microsoft Visual Basic[设计]"，说明此时集成开发环境处于设计模式，在进入其他状态时，方括号中的文字将做相应的变化。

Visual Basic 6.0 有三种工作模式：设计模式、运行模式和中断模式。

- 设计模式：可进行用户界面的设计和代码的编制，来完成应用程序的开发。
- 运行模式：运行应用程序，此时不能编辑代码，也不能编辑界面。
- 中断模式：应用程序运行暂时中断。此时可以编辑代码，但是不能编辑界面。按【F5】键或单击"继续"按钮继续运行程序；单击"结束"按钮停止程序的运行。此模式会弹出"立即"窗口，在窗口中输入命令便可立即执行。

同 Windows 其他界面一样，标题栏的最左端是窗口控制菜单框；标题栏的右端是最大化和最小化按钮。

2. 菜单栏

菜单是在集成开发环境下发布命令的基本场所。Visual Basic 6.0 主菜单有文件、编辑、视图、工程、格式、运行、查询、图表、工具、外接程序、窗口、帮助等，但菜单命令是通过子菜单中的子菜单项操作的。

① 文件菜单：主要用于建立、打开、添加、移去、保存工程和文件。包括新建工程、打开工程、添加工程、移除工程、保存工程、工程另存为、保存文件、文件另存为、打印、打印设置、生成工程等子菜单项。

② 编辑菜单：在对工程进行修改时，编辑菜单可实现各种编辑操作。包括撤销、重复、剪切、复制、粘贴、粘贴链接、删除、全选、查找、缩进、凸出、插入文件、属性/方法列表、快速信息、参数信息、书签等子菜单项。

③ 视图菜单：用于显示各种窗口及与窗口有关的操作。包括代码窗口、对象窗口、定义、最后位置、对象浏览器、立即窗口、本地窗口、监视窗口、调用堆栈、工程资源管理器、属性窗口、窗体布局窗口、属性页、表、缩放、显示窗格、工具箱、调色板、工具栏等子菜单项。

④ 工程菜单：用于为当前工程创建模块、对象引用或提供各种设计器。包括添加窗体、添加 MDI 窗体、添加模块、添加用户控件、添加属性页、添加用户文档、添加设计器、添加文件、移除、引用、部件、工程属性等子菜单项。

⑤ 格式菜单：用于界面设计，能使界面中的控件规范排列。包括对齐、统一尺寸、按网格调整大小、水平间距、垂直间距、在窗体中居中对齐、顺序、锁定控件等子菜单项。

⑥ 调试菜单：用于调试、监视程序。包括逐语句、逐过程、跳出、运行到光标处、添加监视、编辑监视、快速监视、切换断点、清除所有断点、设置下一条语句、显示下一语句等子菜单项。

⑦ 运行菜单：用于程序启动、设置中断和停止等程序运行的操作。包括启动、全编译执行、中断、结束、重新启动等子菜单项。

⑧ 查询菜单：用于数据库表的查询及相关操作。所提供的各种查询设计工具，使用户能够通过可视化工具创建 SQL 语句，实现对数据库的查询、修改。

⑨ 图表菜单：用于数据库中表、视图的各种相关操作。所提供的各种图表设计器，使用户能够用可视化的形式操作表及其相互关系，创建和修改应用程序所包含的数据库对象。

⑩ 工具菜单：用于集成开发环境下工具的扩展。包括添加过程、过程属性、菜单编辑器、选项、发布等子菜单项。

⑪ 外接程序菜单：用于建立和管理数据库、调用 Windows API 函数和工程编译打包。包含可视化数据管理器、外接程序管理器等子菜单项。

⑫ 窗口菜单：用于调整已打开窗口的排列方式。包括拆分、水平平铺、垂直平铺、层叠、排列图标等子菜单项。

⑬ 帮助菜单：为用户提供各种方式的帮助。包括内容、索引、搜索、技术支持等子菜单项。

3. 工具栏

工具栏的作用是通过其上面的图标按钮执行菜单命令，以方便操作。

Visual Basic 提供了"编辑"、"标准"、"窗体编辑器"、"调试"等几项工具栏，用户也可以按自己的需要"自定义"工具栏。通过选择"视图"|"工具栏"命令下的子命令即可选取它们。

Visual Basic 各种工具栏中常用的是"标准"工具栏，如图 1-4 所示。

图 1-4 "标准"工具栏

Visual Basic 6.0 的"标准"工具栏中各按钮的功能如表 1-1 所示。

表 1-1 "标准"工具栏各图标功能

图　标	名　称　与　功　能
	添加标准 EXE 工程——用来添加新的工程到工程组中。单击其右边的箭头将弹出一个下拉菜单，可从中选择需要添加的工程类型
	添加窗体——用来添加新的窗体到工程中，单击其右边的箭头，将弹出一个下拉菜单，可从中选择需要添加的窗体类型
	菜单编辑器——显示菜单编辑器对话框
	打开工程——用于打开已有的工程文件
	保存文件——用于保存当前的工程文件
	启动——开始运行当前的工程
	中断——暂时中断当前工程的运行
	结束——结束当前工程的运行
	工程资源管理器——打开工程资源管理器窗格
	属性窗格——打开属性窗格

续表

图　标	名　称　与　功　能
	窗体布局窗格——打开窗口布局窗格
	对象浏览器——打开"对象浏览器"对话框
	工具箱——打开工具箱
	数据视图窗格——打开数据视图窗格
	可视化部件管理器——管理系统中的组件

4．窗体设计器

"窗体设计器"也称为"窗体窗口"，是应用程序的载体，用户通过与窗体中的控件交互得到结果。每个窗体窗口必须有一个唯一的窗体名字，建立窗体时默认名为 Form1、Form2…

Visual Basic 6.0 一般有两种窗体：单文档界面（SDI）和多文档界面（MDI）。分别在第 2 章和第 5 章中进行介绍。

图 1-5　工程资源管理器窗格

5．工程资源管理器窗格

工程资源管理器窗格如图 1-5 所示。工程是用于建立应用程序的所有文件组成的集合。在 Visual Basic 6.0 中用工程资源管理器来管理工程中的窗体和各种模块。工程文件是管理与该工程有关的所有文件和对象的清单，这些文件和对象自动链接到工程文件上。工程文件的扩展名为.vbp，工程文件名显示在工程文件窗口的标题框内。

工程资源管理器窗格有"查看代码"、"查看对象"和"切换文件夹"三个按钮，其功能分别如下：

- "查看代码"按钮：切换到代码窗口，显示和编辑代码。
- "查看对象"按钮：切换到窗体窗口，显示和编辑对象。
- "切换文件夹"按钮：切换文件夹显示的方式。

工程资源管理器下面的列表窗口，以层次列表形式列出组成这个工程的所有文件。它主要包含以下三种类型的文件：

- 窗体文件（.frm 文件）：该文件存储窗体上使用的所有控件对象和有关的属性、对象相应的事件过程、程序代码。一个应用程序至少包含一个窗体文件。
- 标准模块文件（.bas 文件）：所有模块级变量和用户自定义的通用过程。
- 类模块文件（.cls 文件）：可以用类模块来建立用户自己的对象。

6．属性窗格

属性窗格如图 1-6 所示，属性窗格用于列出窗体和控件的属性设置值，在设计时也可进行属性值的设定。按【F4】键，或单击工具栏中"属性窗格"按钮，或选择"视图"|"属性窗口"命令，即可打开属性窗格。

属性窗格最上面为其标题栏，标题栏下面的文本框为对象框，最下面为属性设置区域。

7．代码窗口

应用程序中的每一个窗体和模块都有独立的代码窗口。代码窗口用于编写、显示和修改 Visual Basic 代码。用户可同时打开多个代码窗口，如图 1-7 所示。打开代码窗口的方法很多，双击窗体的任何地方和单击工程窗口中的"查看代码"按钮是较为简便的方法。窗口中含有对象框、过程/事件框、代码编辑区、过程查看图标和全模查看图标。

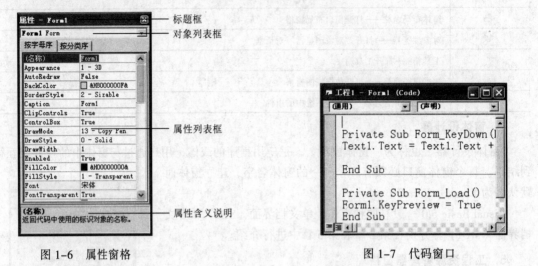

图 1-6 属性窗格   图 1-7 代码窗口

8. 立即窗格

为调试应用程序而提供的，在 IDE 之中运行应用程序时才有效。用户可直接在该窗格利用 Print 方法或直接在程序中用 Debug.Print 显示相关的表达式的值。

9. 窗体布局窗格

窗体布局窗格如图 1-8 所示。用于指定程序运行时的初始位置，使用鼠标拖动窗体布局窗格中的小窗体图标，可方便地调整程序运行时窗体显示的位置。窗体布局窗格主要是为了使所开发的应用程序能在各个不同分辨率的屏幕上正常运行，在多窗体应用程序中比较有用。

10. 工具箱窗格

工具箱窗格如图 1-9 所示。刚安装 Visual Basic 6.0 时，它由 21 个被绘制成按钮形式的图标所构成，显示了各种控件的制作工具，利用这些工具，用户可以在窗体上设计出各种控件。

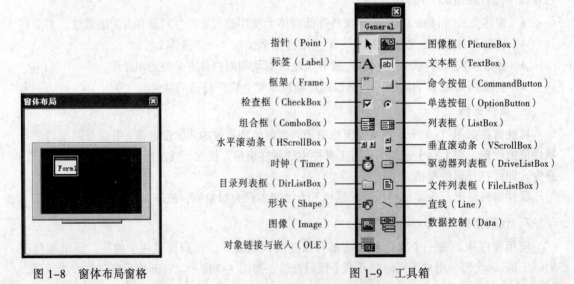

图 1-8 窗体布局窗格   图 1-9 工具箱

除 Visual Basic 内置控件之外，用户还可以通过菜单选择"工程" | "部件"命令，打开"部件"对话框，添加控件、设计器及插入对象到工具箱中，也可以引用已加载的控件工程。

本 章 小 结

Visual Basic 6.0 是一个面向对象的可视化编程工具，它具有广阔的编程领域和强大的功能，它与 Windows 操作系统紧密结合在一起，有着卓越的功能和优越性。

本章主要讲解了 Visual Basic 运行环境、使用的入门操作（启动和退出），并较详细地介绍了 Visual Basic 的集成开发环境，使读者了解和基本掌握 Visual Basic 开发平台的组成、功能菜单、工具、按钮、布局窗口、设计窗口、属性等集成环境的要素及其功能。重点要求理解 Visual Basic 6.0 集成开发环境。

实 战 训 练

1. 如何启动和退出 Visual Basic 6.0？
2. Visual Basic 6.0 的集成开发环境有哪些组成部分？如何使用？其功能有哪些？

第2章
简单窗体——设计简单"欢迎使用"界面

学习目标:

- 进行窗体的属性设置与使用
- 掌握窗体的常用事件、方法的使用
- 掌握对象及其属性、事件、方法的概念

能力目标:

- 根据不同需求设置窗体属性的能力
- 编写窗体常用事件过程程序代码的能力

2.1 如何实现简单"欢迎使用"界面

【任务描述】如图 2-1 所示,建立一个工程,设置窗体的标题及背景属性,程序运行后单击窗体,在窗体上显示"北京欢迎您"。这是通过窗体属性的设置和窗体事件及方法的使用设计的。怎样设计实现这样的用户界面? 本章就来学习这方面的知识。

【任务效果】简单欢迎界面的效果如图 2-1 所示,其中包含窗体的标题属性、字体属性、背景属性和显示方法等。要实现这个欢迎界面,首先了解对象的基本概念及其属性、事件、方法。同时要掌握窗体的属性、事件和方法。

图 2-1 简单欢迎界面

2.2 对 象

1. 对象

对象是具有特殊属性(数据)的行为方式(方法)的实体。在 VB 环境中所涉及的窗体、控件、部件和菜单项等均为对象,既可以利用控件来创建对象,也可以自己设计对象。

在窗体上创建对象时，可以单击工具箱上要创建的对象图标，然后在窗体合适位置上画出对象。初步建立的对象只是一个"空对象"，其具体操作需要通过对该对象有关属性、事件和方法进行描述。

除了通过窗体、控件、部件和菜单项等创建控件对象外，VB 还提供了系统对象，如打印机（Printer）、剪贴板（Clipboard）和屏幕（Screen）等。

对象之所以可以工作是因为有三个因素在起作用：对象的属性、事件和方法，它们通常被称为对象的三要素。

2．对象的属性、事件和方法

（1）对象的属性

对象的属性可以看做是它自身所具有的某些性质，其中包括可见的和不可见的属性。可见的属性如对象的大小、形状和颜色等；不可见的属性如对象的生存期等。主要通过属性窗口进行设计。

（2）对象的事件

事件就是对象上所发生的事情，是指对象所接受的某些外部影响。事件说明了程序执行的时机。事件是预先定义好的、能够被对象识别的动作。

事件过程：可以通过一段程序代码来响应某个具体事件所执行的操作，这段程序代码称为事件过程。

事件驱动程序设计：程序的执行先等待某个事件的发生，然后再去执行处理此事件的事件过程，即事件驱动程序设计方式。这些事件的顺序决定了代码执行的顺序，因此应用程序每次运行时所经过的代码的路径可能都是不同的。

（3）对象的方法

方法就是要执行的动作，是系统提供的一种特殊函数或过程，用于完成某种特定功能而不能响应某个事件。如对象打印方法（Print），显示窗体方法（Show），移动方法（Move）等。对象的方法是固有的，在开发应用程序时，可以对编程中使用到的对象的方法进行调用，但是不能对它们进行编辑和修改。开发应用程序时，对象的方法是在程序中编写代码时进行调用的。

方法只在程序代码中使用。方法的操作与过程和函数的操作相同，但要注意方法是特定对象的一部分，正如属性和事件是对象的一部分一样。

3．新建窗体

创建 VB 应用程序的第一步是创建用户界面。用户界面的基础是窗体，各种控件对象必须建立在窗体上。

启动 VB 后，新建一个标准工程后在屏幕上显示一个窗体，即新建一个窗体。若需要建立多个窗体，可以通过菜单选择"工程"|"添加窗体"命令实现，此时打开"添加窗体"对话框，如图 2-2 所示，选中"窗体"图标后单击"打开"按钮即可添加了一个新窗体。

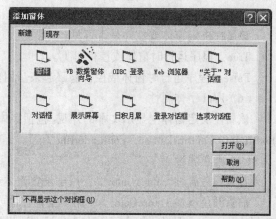

图 2-2 "添加窗体"对话框

2.3 窗体的主要属性

1. 窗体的属性

在图 2-1 中，窗体的标题栏上显示的是"设计简单欢迎使用界面"，窗体的背景是红色。完成这个任务一般用于设置窗体的属性。窗体的属性决定了窗体的外观和操作。

2. 窗体的主要属性

（1）Name 名称属性

该属性是所有对象都具有的属性，是所创建对象的名称。所有的控件在创建时 VB 自动提供一个默认的名称，新控件的默认名字由控件默认名称加上一个唯一的整数组成。例如，新建一个窗体后，其默认的名称为 Form1。在 VB 6.0 中，Name 名称属性在属性窗格的"名称"栏中进行修改，在运行时是只读的。

（2）Caption 标题属性

该属性决定窗体标题栏上显示的内容。

可以使用 Caption 属性赋予控件一个访问键。在标题中，将想要指定为访问键的字符前加一个&符号，该字符就带有一个下画线。同时按【Alt】键和带下画线的字符就可把焦点移动到该控件上。为了在标题中加入一个&符号而不是创建访问键，需要在标题中加入两个符号即&&。这样，在标题中只有单个&符号被显示而不显示带下画线的字符。

（3）Height、Width、Top 和 Left 属性

在窗体上设计控件时，VB 提供了默认的坐标系统。窗体左上角为坐标原点，上边框为坐标横轴，左边框为坐标纵轴，坐标单位为缇（twip），1 twip =1/20 点=1/1440 英寸=1/567 厘米。

Height 和 Width 用来确定控件的高度和宽度，Top 和 Left 属性决定了控件在窗体中的位置。Top 属性表明控件到窗体顶部的距离，Left 属性则表明了控件到窗体左边框的距离。对窗体而言，Top 属性设置窗体到屏幕顶部的距离，Left 属性设置窗体到屏幕左边的距离。

（4）Enabled 有效属性

该属性决定用户窗体或控件是否允许操作。

True：允许用户进行操作，并对操作做出响应。

False：禁止用户进行操作，呈暗淡色。

（5）Visible 可见属性

该属性决定窗体或控件是否可见。

True：程序运行时窗体或控件可见。

False：程序运行时窗体或控件隐藏起来。用户看不到，但窗体或控件本身存在。

（6）Font 字体属性

该属性决定窗体上显示文本的外观。包括字体（FontName）、字号（FontSize）、字形（FontBold、FontItalic、FontStrikethur、Fontunderline）等。

（7）颜色属性

背景颜色属性（BackColor）：用于设置窗体或控件在正文之外的颜色。

前景颜色属性（ForeColor）：用于设置窗体或控件的正文颜色。改变 ForeColor 属性不影响已创建的文本或图形。用户可以在调色板中选择颜色。

边框颜色属性（BorderColor）：返回或设置窗体或控件的边框颜色。

（8）MaxButton 最大化按钮和 MinButton 最小化按钮属性

MaxButton 属性为 True，窗体右上角有最大化按钮；为 False，则无最大化按钮。

MinButton 属性为 True，窗体右上角有最小化按钮；为 False，则无最小化按钮。

（9）Icon 图标和 ControlBox 控件菜单框属性

在属性窗口中，可以单击 Icon 设置框右边的…（省略号），打开一个 "加载图标" 对话框，用户可以选择一个图标文件添加，当窗体最小化时以该图标显示。

ControlBox 属性为 True，窗体左上角有控制菜单框；为 False，则无控制菜单框。控制菜单框以图标形式显示。

（10）Picture 图片属性

设置窗体中要显示的图片。在属性窗口中，可以单击 Picture 设置框右边的…（省略号），打开 "加载图片" 对话框，可以选择一个图形文件装入。

（11）BorderStyle 边框样式属性

该属性决定窗体的边框样式。设置值如下：

0—无（没有边框，无法移动及改变大小）。

1—固定单边框。可以包含控制菜单框、标题栏、"最大化" 按钮和 "最小化" 按钮。只有使用最大化和最小化按钮才能改变大小。

2—（默认值）可调整的边框。可以使用设置值 1 列出的任何可选边框元素重新改变尺寸。

3—固定对话框。可以包含控制菜单框和标题栏，不能包含最大化和最小化按钮，不能改变尺寸。

4—固定工具窗格。不能改变尺寸，显示关闭按钮并用缩小的字体显示标题栏。

5—可变尺寸工具窗格。可变大小，显示关闭按钮并用缩小的字体显示标题栏。

（12）WindowsState 窗口状态属性

该属性决定窗体执行时以什么状态显示。

0—正常窗口状态，有窗口边界。

1—最小化状态，以图标方式运行。

2—最大化状态，无边框，充满整个屏幕。

（13）MousePointer 属性

用于设置运行过程中鼠标移动到对象的一个特定部分时，被显示的鼠标指针的类型。设置值的范围一般在 0～15 之间。下面是几种常用的设置值：

0—默认值，形状由对象决定。

1—箭头。

2—十字线。

3— I 形。

11—沙漏（表示等待状态）。

99— 通过 MouseIcon 属性所指定的自定义图标。

（14）MouseIcon 属性

用于设置自定义的鼠标图标，图标文件类型为.ico 或.cur，图标文件在安装目录的 Graphics 文件夹中。该属性在 MousePointer 属性值为 99 时有效。

3．设置窗体的属性

如图 2-3 所示，程序运行时，窗体的标题、图片和图标属性有所改变。对于这样的属性应该怎样设置？

4．设置窗体属性的步骤

（1）利用属性窗格的方法

① 新建工程。

② 添加窗体 Form1。

③ 选中窗体 Form1（即单击该窗体）。

④ 设置窗体的属性值。

在图 2-3 中，窗体的标题显示的内容为"窗体属性"，打开属性窗格。在属性列表框中选中 Caption 属性，在其右边对应的文本框中输入窗体属性，标题属性就设置好了，如图 2-4 所示。其他属性的设置方法都是在属性窗格中完成的，属性值如表 2-1 所示。

图 2-3　窗体属性　　　　　　　　　　图 2-4　设置窗体属性

表 2-1　图 2-3 窗体属性

对　　象	属　　性	属　性　值
窗体	名称	Form1
	Caption	窗体属性
	Icon	Face05（图标文件名）
	MaxButton	False
	MinButton	False
	Picture	P408005（图片文件名）

⑤ 保存程序，调试运行。

在 VB 中，一个应用程序是以工程文件的形式保存在磁盘上的。一个工程中涉及多种文件类型，如窗体文件、标准模块文件等。

本例仅涉及一个窗体，因此只要保存一个窗体文件和一个工程文件。保存文件的步骤如下：

① 选择"文件"|"Form1 另存为"（窗体文件）命令，系统弹出"文件另存为"对话框，提示用户输入文件名，选择文件保存文件的位置。默认的路径在 VB98 子文件夹中。

② 选择"文件"|"工程另存为"（工程文件）命令，系统弹出"工程另存为"对话框，提示用户输入文件名，操作同上。

（2）在程序代码中通过赋值语句实现

① 新建工程。

② 添加窗体 Form1。

③ 双击窗体 Form1，打开代码窗口，编写程序代码：

```
Private Sub Form_Load()
    Form1.Caption = "窗体属性"              '把窗体属性赋值给窗体的标题
    '通过LoadPicture函数把图片 P408005.jpg 载入到窗体上
    Form1.Picture = LoadPicture(App. Path + "\P408005.jpg")
End Sub
```

④ 保存程序，调试运行。

注 意

窗体的 Icon、MaxButton 和 MinButton 属性只能在属性窗口中设置。

5．相关知识点归纳

设置窗体属性的方法：

① 在设计阶段利用属性窗格直接设置窗体的属性。

② 在程序代码中通过赋值语句实现，格式为：

窗体名称. 属性 = 属性值

6．拓展知识介绍

（1）设置对象属性的方法

方法同设置窗体属性的方法。

（2）LoadPicture()函数

用来将指定的图形文件添加到所需之处。格式为：

[对象.]Picture = LoadPicture("文件名")

括号中双引号中的文件名是图形文件名（一般应包括完整的路径）；如果图片文件和应用程序在同一个文件夹，则在双引号内使用 App.Path+"\图片文件名"。

对象包括：窗体、图片框及图像框。

例如，要在当前窗体的背景显示图 2-5 所示图片，则需要添加如下代码：

`Me.Picture = LoadPicture(App.Path + "\123.jpg")`

其中 Me 代表当前窗体。

图 2-5 加载图片

2.4 窗体常用的事件

1．窗体的常用事件

窗体可以响应的事件有许多，最常用事件如下：

- Click：单击事件。
- Dblclick：双击事件。

- Load：装载事件。
- Resize：在窗体被改变大小时，会触发该事件。
- Activate：激活事件，当窗体变为当前窗口时引发本事件。
- Deactivate：失去激活事件，当窗体失去激活状态，即另一个窗体成为当前窗口时，引发本事件。

2．使用窗体事件

如图 2-6 所示，启动窗体后，在窗体的标题栏上显示"Load 事件"（注：不能用属性窗格来完成）；单击窗体时，在窗体的标题栏上显示"Click 事件"；双击窗体时，在窗体的标题栏上显示"Dblclick 事件"；改变窗体大小时，在窗体的标题栏上显示"Resize 事件"。

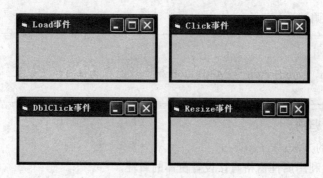

图 2-6　窗体事件

3．实现窗体事件的方法

实现窗体事件的步骤如下：

① 新建工程。

② 添加窗体 Form1。

③ 设置窗体的属性（都取默认值）。

④ 编写事件过程代码。

根据任务要求，打开代码窗口，分别在窗体的 Load 事件、Click 事件、Dblclick 事件和 Resize 事件过程中编写代码。

```
Private Sub Form_Load()
    Form1.Caption = "Load 事件"        '在装载事件中把"Load 事件"赋值给标题栏
End Sub
Private Sub Form_Click()
    Form1.Caption = "Click 事件"       '在单击事件中把"Click 事件"赋值给标题栏
End Sub
Private Sub Form_DblClick()
    Form1.Caption = "DblClick 事件"    '在双击事件中把"Dbclick 事件"赋值给标题栏
End Sub
Private Sub Form_Resize()
    Form1.Caption = "Resize 事件"      '在改变窗体大小事件中把"Resize 事件"赋值给标
                                      '题栏
End Sub
```

注 意

窗体的 Load 事件触发时间比 Resize 事件早。

⑤ 保存程序，调试运行。

4．相关知识点归纳

Activate 事件和 Deactivate 事件的使用与以上介绍的四种事件的使用方法一样。

5．拓展知识介绍

窗体的其他事件：

- GotFocus： 获得焦点事件。
- Unload：卸载事件。
- Paint：当窗体移动、变大或者窗口移动时覆盖了另一个窗体时触发该事件。
- KeyDown：在窗体上按下键盘时触发该事件。
- KeyUp：在窗体上松开键盘时触发该事件。
- KeyPress：在窗体上按下带有 ASCII 码值的键盘时触发该事件。
- MouseDown：在窗体上按下鼠标时触发该事件。
- MouseUp：在窗体上松开鼠标时触发该事件。
- MouseMove：在窗体上移动鼠标时触发该事件等。

2.5 窗体常用的方法

1．窗体中常用的方法

窗体常用的方法如下：

- Print：用于将文本输出到窗体或打印机上。
- Cls：用于清除运行时在窗体或图形框中显示的文本或图形。
- Move：用于移动窗体或控件，并可改变其大小。
- Show：用于显示窗体。
- Hide：用于隐藏窗体。

2．使用窗体的方法

如图 2-7 所示，单击窗体时，窗体上显示一段文字 Visual Basic 6.0 ；双击窗体时，窗体上的文字消失。

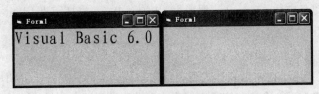

图 2-7 窗体方法

3. 实现窗体方法的步骤

实现窗体方法的步骤如下：

① 新建工程。

② 添加窗体 Form1。

③ 设置窗体的属性，其属性如表 2-2 所示。

表 2-2　图 2-7 窗体的属性

对　　象	属　　性	属　性　值
窗体	FontName	楷体
	FontSize	24

④ 编写事件过程代码：

根据任务要求，打开代码窗口，分别在窗体的 Click 事件和 Dblclick 事件过程中编写代码。

```
Private Sub Form_Click()
    Print "Visual Basic 6.0"          '在窗体上显示文本
End Sub
Private Sub Form_ DblClick ()
    Cls                               '清除窗体上的文本
End Sub
```

注　意

Print 方法和 Cls 方法的前面如果没有内容，表示在当前窗体上输出和清除文本。

⑤ 保存程序，调试运行。

4. 相关知识点归纳

窗体常用方法的格式：

[窗体名称.]方法名[参数列表]，例如：Form1.Print "好好学习，天天向上"

[窗体名称.]Show

[窗体名称.]Hide

其中，中括号中的窗体名称可以省略，若省略，表示是当前窗体。

5. 拓展知识介绍

① 对象的方法格式如下：

[对象.]方法名[参数列表]

Print 方法、Cls 方法和 Move 方法不仅适用于窗体，还适用于其他控件，具体如下：

② Print 方法形式如下：

[对象.]Print[{Spc(n)|Tab(n)}][表达式列表][;|,]

其中：对象可以是窗体（Form）、图形框（PictureBox）或打印机（Pinter）。若省略了对象，则在当前窗体上输出。

* Spc(n)函数：用于在输出时插入 n 个空格，允许重复使用。
* Tab(n)函数：用于在输出表达式列表前向右移动 n 列，允许重复使用。
* 表达式列表：要输出的数值或字符串表达式，若省略，则输出一个空行。多个表达式之间用空格、逗号、分号分隔，也可出现 Spc()和 Tab()函数。

- ;（分号）：表示光标定位上一个显示的字符后。
- ,（逗号）：表示光标定位在下一个打印区的开始位置处，打印区每隔 14 列开始。

注 意

- Spc() 函数和 Tab() 函数的使用类似，可以互相替代。
- Print 方法在 Form_Load 事件过程不起使用。

③ Cls 方法形式如下：

[对象.]Cls

其中，对象为窗体或图形框，若省略为当前窗体。

例如：

```
Picture1.Cls          '清除图形框内显示的图形或文本
Cls                   '清除窗体上显示的文本
```

注 意

Cls 方法只清除运行时在窗体或图形框中显示的文本或图形。

④ Move 方法形式如下：

[对象.]Move 左边距离[,上边距离[,宽度[,高度]]]

其中：

- 对象：可以是窗体及除时钟、菜单外的所有控件，省略对象为当前窗体。
- 左边距离、上边距离、宽度、高度：数值表达式，以 twip 为单位。如果对象是窗体，则"左边距离"和"上边距离"以屏幕左边界和上边界为准；否则以窗体的左边界和上边界为准，宽度和高度表示可改变其大小。

如图 2-8 所示，单击窗体把文本框移到窗体中心，同时图形缩小为 50%。

图 2-8　对象的方法

代码如下：

```
Private Sub Form_Click()
    '文本框移到窗体中心，同时图形缩小为 50%
    Text1.Move (Form1.Left + Form1.Width)\2 - Form1.Left, _
            (Form1.Top + Form1.Height)\2 - Form1.Top, _
            Text1.Width\2,Text1.Height\2
End Sub
```

注 意

若要把一条语句分开几行书写，在每行尾加"空格 + 下画线"。

2.6 实现简单"欢迎使用"界面的具体方法

【任务实现】实现图 2-1 所示的简单欢迎界面，下面给出操作步骤。

 提 示

先要设置窗体的属性；用 Print 方法把"北京欢迎您"显示在窗体上。

操作步骤如下：

① 新建工程，添加窗体 Form1。

② 设置窗体的属性值，其属性值如表 2-3 所示。

表 2-3 图 2-1 窗体属性

对 象	属 性	属 性 值
窗体	FontName	华文行楷
	FontSize	36
	Caption	设置简单欢迎使用界面
	BackColor	vbRed

③ 编写代码如下：

```
Private Sub Form_Click()
    Form1.BackColor = vbRed          '把窗体的背景设置成红色
    Print "北京欢迎您"               '在窗体上显示文本
End Sub
```

④ 调试运行。

⑤ 设计保存。

本 章 小 结

VB 是面向对象的程序设计语言。窗体是 VB 最重要的对象之一，是用户界面的基础，是包容用户界面或对话框所需的各种控件对象的容器。因此，应该熟练窗体的设计过程和方法。

本章主要介绍新建窗体、窗体的属性、事件、方法，学习了利用窗体设计简单的欢迎使用界面的方法和技巧以及对象的概念、对象的基本方法等，并通过一个实例加深对 VB 开发窗体界面的理解。通过本章的学习，可以进行简单的 VB 程序设计，为以后学生设计打下基础。

实 战 训 练

一、选择题

1. 窗体的标题是由（ ）属性来实现的。

    A. Name   B. Caption   C. Text   D. ForeColor

2. 要使窗体的背景设置成某种颜色，可以利用其（ ）属性来实现。

    A. Name   B. Caption   C. ForeColor   D. BackColor

3. 要使窗体无边框，则需要将其 BorderStyle 属性设置为（　　）。

    A. 0　　　　　　　　B. 2　　　　　　　　C. 3　　　　　　　　D. 4

4. 要改变窗体的大小，应通过设置（　　）属性来实现。

    A. Top 或 Left　　　　　　　　　　　　B. Top 和 Width

    C. Height 和 Width　　　　　　　　　　D. Height 或 Left

5. 当窗体被移动或放大时，或者窗口移动、覆盖了一个窗体时，触发（　　）事件。

    A. Load　　　　　　B. Paint　　　　　　C. Activate　　　　　　D. Deactivate

6. 下列关于窗体的描述中，错误的是（　　）。

    A. 执行 Unload Form1 语句后，窗体 Form1 消失，但仍保存在内存中

    B. 窗体的 Load 事件在加载窗体时发生

    C. 当窗体的 Enabled 属性为 False 时，通过鼠标和键盘对窗体的操作都被禁止

    D. 窗体的 Height、Width 属性用于设置窗体的高和宽

7. 要在窗体上显示一句话，则应使用（　　）语句。

    A. Print　　　　　　B. Show　　　　　　C. Cls　　　　　　D. Move

8. 窗体文件的扩展名是（　　）。

    A. .bas　　　　　　B. .cls　　　　　　C. .frm　　　　　　D. .res

9. 任何控件都有的属性是（　　）。

    A. BackColor　　　　B. BorderStyle　　　　C. Caption　　　　D. Name

10. 要将名称为 MyForm 的窗体显示出来，正确的使用方法是（　　）。

    A. MyForm.Show　　　　　　　　　　　B. Show.MyForm

    C. MyForm Load　　　　　　　　　　　D. MyForm Show

二、填空题

1. 为了在运行时把窗体 Form1 的边框（BorderStyle）设定为固定对话框，则应使用的语句为＿＿＿＿＿＿。

2. 在添加窗体时，自动触发的事件是＿＿＿＿＿＿。

3. 窗体常用的方法有＿＿＿＿＿＿。

4. 程序运行后，双击窗体，将触发窗体的＿＿＿＿＿＿事件。

5. 在刚建立工程时，若要使窗体（名称为 Form1）中的所有控件具有相同字体格式，应对＿＿＿＿＿＿的＿＿＿＿＿＿属性进行设置。

6. 在 Visual Basic 中最基本的对象是＿＿＿＿＿＿，它是应用程序的基石，也是其他控件的容器。

三、操作题

1. 程序运行界面如图 2-9 所示。新建一个工程，窗体上有最大化按钮和最小化按钮。窗体载入时，在窗体的标题栏显示"装入窗体"，并在窗体中添加一张图片作为背景；当用户单击窗体时，在标题栏显示"鼠标单击"，在窗体上显示"欢迎使用 VB"；当用户双击窗体时，在标题栏上显示"鼠标双击"；清除窗体的背景图案，并显示"结束使用 VB"。

> **提　示**
>
> 分别在窗体的 Load 事件、Click 事件和 DblClick 事件过程中使用 Print 方法处理，加入图片可用 LoadPicture() 函数。

  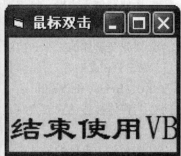

图 2-9　窗体事件

2. 程序运行界面如图 2-10 所示。新建一个工程，添加两个名称分别为 Form1 和 Form2 的窗体，其标题分别为窗体 1 和窗体 2；在窗体 Form1 中添加一个名称为 Label1、标题为窗体 1 的标签；在窗体 Form2 中添加一个名称为 Label2、标题为窗体 2 的标签；字体均为隶书；大小为三号。要求单击 Form1 窗体，显示 Form2 窗体，隐藏 Form1 窗体。

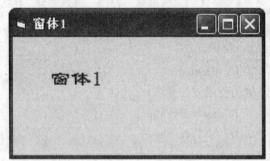 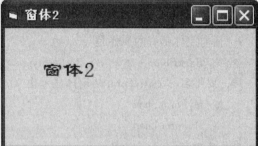

图 2-10　多重窗体

> **提　示**
>
> 在窗体的单击事件中使用 Show 方法和 Hide 方法显示和隐藏窗体 1 和窗体 2，形成窗体 1 和窗体 2 的交互。

第3章
程序结构——设计应用程序功能

学习目标：

- 掌握 VB 的数据类型、变量的声明、函数、运算符和表达式
- 掌握条件语句 IF 的使用方法
- 掌握多情况语句 Select Case 的使用方法
- 掌握 For 循环语句的使用方法
- 掌握各种形式的 Do 循环语句的使用方法
- 掌握 While...Wend 循环语句的使用方法
- 掌握数组的定义和使用方法
- 掌握 Sub 子过程的定义和调用方法
- 掌握函数过程的定义和调用方法
- 掌握递归过程的特点及其调用方法

能力目标：

- 根据函数、运算符和表达式解决实际问题的能力
- 根据不同应用程序的需求选择语句的能力
- 根据条件语句、循环语句及其组合设计应用程序的能力
- 根据数组设计应用程序的能力
- 根据过程设计应用程序的能力

3.1 结构化程序设计概念

在第 2 章中，我们了解到要做好用户界面，首先要掌握窗体的相关知识，如窗体属性的设置方法和窗体事件及方法的使用，这就需要学习程序结构的相关知识。

结构化程序设计语言是 20 世纪 70 年代荷兰学者 Dijkstra 首先提出来的，他强调从程序结构和风格来研究程序设计，这种设计方法得到了较为广泛的使用。结构化程序设计方法就是只采

用三种基本的程序控制结构来编制程序，从而使程序具有良好的结构。这三种基本结构为：顺序结构、选择结构和循环结构。限制使用 goto 语句，其基本思想是采用"自顶向下、逐步求精、模块化程序设计"等设计原则。自顶向下、逐步求精的程序设计方法从问题本身开始，经过逐步细化，将解决问题的步骤分解为由基本程序结构模块组成的结构化程序框图，使其最终转化为上述顺序以及选择和循环三种基本程序结构。其目的是为了解决由许多人共同开发大型软件时，如何高效率地完成高可靠系统的问题。程序的可读性好、可维护性好成为评价程序质量的首要条件。

结构化程序设计方法虽已得到了广泛的使用，但如下两个问题仍未得到很好的解决：

① 模块分割主要针对控制流，仍然含有与人的思维方式不协调的地方。所以很难自然、准确地反映真实世界。因而用此方法开发出来的软件，有时很难保证其质量，甚至需要进行重新开发。

② 该方法实现中只突出了实现功能的操作方法（模块），而被操作的数据（变量）处于实现功能的从属地位，即程序模块和数据结构是松散地耦合在一起的。因此，当程序复杂时，容易出错，难以维护。

由于上述缺陷已不能满足现代化软件开发的要求，一种全新的软件开发技术应运而生，即面向对象的程序设计。

3.2 VB 编程基础

如图 3-1 所示，通过键盘输入四个数，编写程序计算并输出这四个数的和及平均值。要求使用 InputBox() 函数输入数据，单击窗体时显示四个数的和以及平均数。

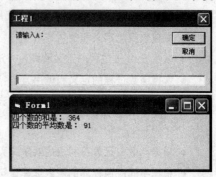

1. 实现程序功能

操作步骤：

① 新建工程，添加窗体 Form1。

② 设置窗体的属性（设为默认属性）。

③ 编写事件过程代码。

根据任务要求，单击窗体时显示数的和与平均数，所以应该编写窗体的单击（Click）事件过程代码。

图 3-1 输入数据

```
Private Sub Form_Click()
    Dim a As Single,b As Single,c As Single          '声明五个变量
    Dim d As Single,sum As Single,avg As Single
    a = val(InputBox("请输入 A: "))                   '输入四个数的值
    b = val(InputBox("请输入 B: "))
    c = val(InputBox("请输入 C: "))
    d = val(InputBox("请输入 D: "))
    sum = a + b + c + d                              '求四个数的和
    avg = sum/4                                      '求四个数的平均值
    Print "四个数的和是: ";sum                        '显示和
    Print "四个数的平均数是: ";avg                    '显示平均值
End Sub
```

④ 保存程序，调试运行。

2. 相关知识点归纳

（1）语句的书写规则

语句的书写规则如下：

① Visual Basic 中的代码不区分字母的大/小写：

- 对于 Visual Basic 中关键字，首字母被转换成大写，其余被转换成小写。
- 若关键字由多个英文单词组成，它会将每个单词首字母转换成大写。
- 对于用户自定义的变量、过程名，Visual Basic 以第一次输入为准，以后的输入自动向首次定义的转换。

② Visual Basic 中的语句书写自由：

- 在同一行上可以书写多条语句，但各条语句间要用 "："分隔。
- 单条语句可分若干行书写，在本行后加入续行符（空格和下画线 "_"）即可。
- 一行允许书写多达 255 个字符。

③ 注释语句有利于程序的维护和调试：

- 注释语句以 Rem 或单引号 "'" 开头，用单引号引导的注释语句可以直接出现在某条语句的后面。
- 可以使用 "编辑" 工具栏中的 "设置注释块"、"解除注释块" 按钮，使选中的若干行语句（或文字）增加注释或取消注释十分便捷。

（2）变量和常量的命名规则

变量和常量的命名规则如下：

① 必须以字母或汉字开头。

② 由字母、汉字、数字或下画线组成，其中不能有标点符号和空格。

③ 长度不能超过 255 个字符。

④ 在 Visual Basic 中变量名的字母不区分大/小写。

⑤ 不能与关键字（如 Dim、string 等）同名或在关键字后加上类型说明符作为变量名。

⑥ 为了提高程序的可读性，在变量名前可加一个约定的前缀，如 Int、lng、sng、dbl、bln、cur、dt、str、vnt、byt 等。

⑦ 不能包含如！、@、#、$等特殊字符。

⑧ 在同一作用域范围内变量名是唯一的。

（3）数据类型

Visual Basic 6.0 定义了 11 种标准的数据类型：整型、长整型、单精度型、双精度型、货币型、字节型、字符型、布尔型、日期型、对象型和变体型。其关键字和类型符如表 3-1 所示。

表 3-1　基本数据类型

数 据 类 型	关 键 字	类 型 符
字节型	Byte	无
逻辑型	Boolean	无
整型	Integer	%
长整型	Long	&
单精度型	Single	!

续表

数 据 类 型	关 键 字	类 型 符
双精度型	Double	#
货币型	Currency	@
日期型	Date(time)	无
字符型	String	$
对象型	Object	无
变体型	Variant	无

（4）声明变量

① 用类型说明符表示变量：将类型说明符放在变量名的尾部，可以表示不同的变量，如%表示整型、&表示长整型、!表示单精度型、#表示双精度型、@表示货币型、$表示字符串型。例如：

```
strName$        dblNum%        curWage@
```

② 用声明语句声明变量的语法如下：

```
Dim|Private|Static|Public <变量名1> As <类型>[,<变量名2> As <类型2>]...
```

使用 Dim、Private、Public 、Static 可以在应用程序的不同位置，定义适合于不同需要的变量。其中 dim 使用得最为广泛和频繁，它可以在任何场合定义变量。Private 用于声明私有变量，它可用于定义窗体级或模块级，不能在过程内使用。Public 用于窗体级或模块级的代码声明段定义全局变量，不能在过程内部使用。Static 只能用在过程内部，用于定义静态局部变量。例如：

```
Dim a As Single,b As Single        '声明两个变量a和b都是单精度型
Dim a As Single                    '声明两个变量a和b都是单精度型
Dim b As Single
Dim a,b As Single                  '声明两个变量a是变体型，b是单精度型
```

注 意

对于字符串变量类型，根据其存放的字符串长度是否固定，其定义的方法有两种：

```
Dim  字符串变量名 As String          '字符串的长度不固定，最多存放2M个字符
Dim  字符串变量名 As String*字符数    '字符串的长度固定，存放最多个数由字符数决定
```

例如：

```
Dim  a  As String                  '声明可变长字符串变量
Dim  b  As String*20               '声明定长字符串变量可存放20个字
```

（5）Inputbox——输入框

在应用程序中弹出一个对话框，如图 3-2 所示，等待用户输入数据，在对话框中，显示有关的提示信息，直到用户结束或取消本次操作，关闭对话框后，程序才继续运行。输入框函数返回信息是文本信息内容。其格式为：

```
变量名 = InputBox（提示[,标题][,缺省值][,x][,y]),
```

其中，提示为输入框中间提示信息的字符串表达式；标题为输入框标题栏的字符串表达式；缺省值作为输入框的默认输入，显示用户录入文本区中的字符表达式（省略时，录入文本区为空）；x、y 为数值型表达式，一般成对出现，x 用于指定对话框的左边与屏幕左边的水平距离。省略时，对话框在水平方向居中，y 用于指定对话框的上边与屏幕上边的水平距离；省略时，对话框被放置在屏幕垂直方向距屏幕上边大约 1/3 的位置。

图 3-2　输入框

注　意

除 "提示" 不能省略外，其余各项均可省略，但省略部分要用逗号占位。

（6）运算符

① 算术运算符如表 3-2 所示。

表 3-2　算术运算符

算术运算符	名　称	优 先 级	示　例	结　果
^	乘方	1	3^2	9
−	负号	2	−2	−2
*	乘	3	2*5	10
/	除	3	4/5	0.8
\	整除	4	4\5	0
Mod	取模	5	5 Mod 4	1
+	加	6	2+3	5
−	减	6	4.5−2.4	2.1

　　算术运算符用于数学计算，VB 中有 8 个算术运算符（其中，减号运算符和取负运算符形式相同），在这 8 个算术运算符中，只有取负 "−" 是单目运算符，其他均为双目运算符。表 3-2 所示为按照优先级别的高低列出了算术运算符。

　　② 连接运算符：字符串只有连接运算，在 VB 中可以用 "+" 或 "&"。建议尽量使用 "&"，使程序看起来更明了。使用 "&" 运算符时应注意前后加空格，否则 VB 会将其当做长整数型的类型符来处理。

注　意

"+" 和 "&" 的区别。当两个被连接的数据都是字符型时，它们的作用相同。当数值型和字符型连接时，"&" 把数据转化成字符型然后连接；"+" 把数据转化成数值型然后连接。例如：

"ABC"+"DEF"　　　　其值为："ABCDEF"。

"姓名：" & "张三"　　其值为："姓名：张三"。

23 & "7"　　　　　　其值为："237"。

23+"7"　　　　　　其值为：30。

而 23+"7abc" 则会出现类型不匹配的错误。

③ 关系运算符：属于双目运算符，用来对两个表达式的值进行比较，比较的结果为逻辑值，即若关系成立则返回 True；否则返回 False。在 VB 中，分别用 1 和 0 表示 True 和 False。表 3-3 所示为 VB 中的关系运算符。

表 3-3　关系运算符

关系运算符	名　称	示　例	结　果
=	等于	"abc"="ABC"	False
>	大于	"abc">"ABC"	True
>=	大于等于	"abc">="甲乙丙"	False
<	小于	2<3	True
<=	小于等于	3<=3	True
<>	不等于	8<>9	True
Like	字符串匹配	"ABC"Like"*B*"	True
Is	对象引用比较		

注　意

关系运算符的优先级相同。

④ 逻辑运算符包括：Not（非）、And（与）、Or（或）、Xor（异或）、Eqv（逻辑等于）和 Imp（逻辑蕴涵），用于表达两个逻辑表达式之间的关系。在进行逻辑运算时，只要参与运算的表达式中有一个为 Null，则将返回 Null。表 3-4 所示列出了 VB 中的逻辑运算符。

表 3-4　逻辑运算符

逻辑运算符	名　称	优先级	说　　明	示　例	结果
Not	取反	1	当操作数为假时，结果为假	Not F	T
And	与	2	两个操作数为真时，结果才为真	T And F	F
				T And T	T
Or	或	3	两个操作数中有一个为真时，结果为真	T Or F	T
				F Or F	F
Xor	异或	3	两个操作数为一真一假时，结果才为真	T Xor F	T
				T Xor T	F
Eqv	等价	4	两个操作数相同时，结果才为真	T Eqv F	F
				F Eqv F	T
Imp	蕴含	5	第一个操作数为真，第二个操作数为假时，结果才为假，其余均为真	T Imp F	F
				T Imp T	T

3. 拓展知识介绍

（1）变量的作用域

变量的作用域及定义方法如下：变量的作用域即作用范围，是根据变量的定义位置和使用的变量定义语句的不同，Visual Basic 中的变量可以分为：局部变量、模块变量和全局变量。在过程（事件过程或通用过程）内定义的变量叫做局部变量。其作用域所在的过程，声明时用 Dim 或 Static 语句定义；模块变量包括窗体变量和标准模块变量，窗体变量可用于该窗体内的所有过程，标准模块变量的使用和窗体变量类似，模块变量声明时用 Private 或 Dim 语句定义；全局变量也称全程变量，其作用域最大，可以在工程的每个模块、每个过程中使用，其声明时用 Public 或 Global 语句定义。

（2）表达式

① 表达式的组成：表达式是由变量、常量、运算符、函数和圆括号等按一定规则组成的，表达式运算结果的类型由参与运算的数据类型和运算符共同决定。

② 表达式的书写规则如下：

- 每个符号占一个格，所有符号都必须一个一个地并排写在同一基准上，不能出现上标和下标。
- 不能按常规习惯省略乘号*，如 $2x$ 要写成 2*x。
- 只能使用小括号（），且必须配对。
- 不能出现非法的字符，如 π。

例如，已知数学表达式为 $\dfrac{\sqrt{(3x+y)-z}}{(xy)^4}$，写成 VB 表达式为：

$$\text{Sqr}((3*x+y)-z)/(x*y)^4$$

其中，sqr()是求平方根函数，将在下面第（3）条内部函数中介绍。

③ 表达式中不同数据类型的转换：

如果表达式中操作数具有不同的数据精度，则将较低精度转换为操作数中精度最高的数据精度，即按 Integer、Long、Single、Double 的顺序转换。注意，Long 型数据和 Single 型数据进行运算时，结果总是 Double 型数据。

④ 表达式的执行顺序：

一个表达式可能有多种运算，计算机按一定的顺序对表达式求值。一般顺序如下：

a. 进行函数运算。

b. 进行算术运算。

c. 进行关系运算。

d. 进行逻辑运算。

> **注　意**
>
> 当乘法和除法同时出现在表达式时，将按照它们从左到右出现的顺序进行计算。使用括号可以改变表达式的优先顺序，强制其某些部分优先运行。括号内的运算总是优先于括号外的运算。

（3）内部函数

① 数学函数如表 3-5 所示。

表 3-5　数学函数

函　数	功　能	示　例	结　果
Sin(X)	返回 X 的正弦值，X 的单位为弧度	Sin(0)	0

续表

函　　数	功　　能	示　　例	结　　果
Cos(X)	返回 X 的余弦值，X 的单位为弧度	Cos(0)	1
Tan(X)	返回 X 的正切值，X 的单位为弧度	Tan(0)	0
Log(X)	返回 X 的自然对数	Log(10)	2.3
Exp(X)	返回以 e 为底的 X 次幂值	Exp(2)	7.4
Sqr(X)	返回参数 X 的平方根值	Sqr(4)	2
Abs(X)	返回 X 的绝对值	Abs(−6)	6
Rnd(X)	产生一个介于 0～1 之间的单精度随机数	Rnd	0～1 间的数
Int(X)	返回不大于 X 的最大整数	Int(3.5)	3
		Int(−3.5)	−4
Fix(X)	去掉小数部分，返回整数	Fix(−3.5)	−3

② 转换函数如表 3-6 所示。

表 3-6　转换函数

函　　数	功　　能	示　　例	结　　果
Val(C)	数字字符串转为数值	Val("123")	123
Str$(N)	数值转为数字字符串	Str$(123)	"123"
Ucase$(C)	小写字母转换成大写字母	Ucase("ab")	"AB"
Lcase$(C)	大写字母转换成小写字母	Lcase("AB")	"ab"

③ 字符串函数如表 3-7 所示。

表 3-7　字符串函数

函　　数	功　　能	示　　例	结　　果
Len(C)	字符串长度	Len("AB 学习")	4
Left$(C,N)	取出字符串左边 N 个字符	Left$("ABCDEF",3)	"ABC"
Right$(C,N)	取出字符串右边 N 个字符	Right$("ABCDEF",3)	"DEF"
Mid$(C,N1,N2)	在 C 中从 N1 位开始向右取 N2 个字符	Mid$("ABCDEFG",2,3)	"BCD"
String$(N,C)	返回由 C 中首字符组成的 N 个字符串	String$("*ABC",5)	"*****"
Space$(N)	产生 N 个空格的字符串	Space$(3)	"□□□"

④ 日期时间函数如表 3-8 所示。

表 3-8　日期时间函数

函　　数	功　　能	示　　例	结　　果
Date[$][()]	返回系统日期	Date$()	2008−09−04
Month(C|N)	返回月份代号(1～12)	Month("2001,05,01")	5
Day(C|N)	返回日期代号(1～31)	Day("2001,05,01")	1
Now	返回系统日期和时间	Now	2008-9-4 下午 07:01:50
Year(C|N)	返回年代号(1753～2078)	Year(365)	1900
Time[$][()]	返回系统时间	Time	下午 7:05:12

3.3　顺　序　结　构

1. 顺序结构的实例

如图 3-3 所示编写程序，求解鸡兔同笼问题。一个笼子中有鸡 x 只，兔 y 只，每只鸡有两只脚，每只兔有四只脚。已知鸡和兔的总只数为 h，总脚数为 f。问笼中鸡和兔各多少只？

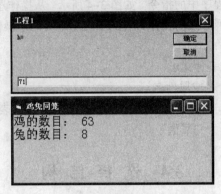

图 3-3　鸡兔同笼

提　示

根据数学知识，可以写出如下的联立方程式：

$x + y = h$　　（1）

$2x + 4y = f$　（2）

（2）$- 2 \times$（1）：$2y = f - 2h$ 故 $y = (f - 2h)/2$

$4 \times$（1）$-$（2）：$2x = 4h - f$ 故 $x = (4h - f)/2$

用 InputBox() 函数输入 h 和 f 的值。

---

2. 实现程序功能的步骤

操作步骤如下：

① 新建工程，添加窗体 Form1。

② 设置窗体的属性（设为默认属性）。

③ 编写事件过程代码。

根据任务要求，单击窗体时显示鸡和兔的数目，应该编写窗体的单击（Click）事件过程代码。

```
Private Sub Form_Click()
    Dim x As Integer,y As Integer      '声明变量x为鸡的数目,y为兔的数目
    Dim h As Integer,f As Integer      '声明变量h为总头数,f为总脚
    h = Val(InputBox("h = "))          '输入总头数和总脚数
    f = Val(InputBox("f = "))
    x = (4*h - f)/2                     '计算
    y = (f - 2*h)/2
    Print "鸡的数目: ";x               '显示
    Print "兔的数目: ";y
End Sub
```

④ 保存程序，调试运行。

在如上窗体的单击事件过程中，执行程序代码时按照从上向下的顺序执行，就是一种顺序结构。

3. 相关知识点归纳

（1）顺序结构

顺序结构是程序设计中最简单的结构之一，也是最基本的结构，它是按照程序书写的顺序逐句执行程序中的指令。如图 3-4 所示。从操作序列的第一个操作开始，顺序执行序列后续的操作，直到序列的最后一个操作。

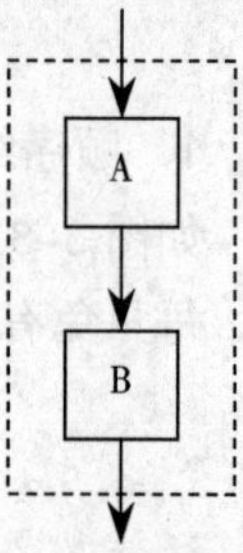

（2）赋值语句

赋值语句的形式：Var=<表达式>。

其中，Var 表示某个变量名或属性名。

当系统执行一个赋值语句时，将先求出赋值操作符"="右边表达式的值，然后再把该值保存到"="左边的变量中，即为"赋值"。

图 3-4　顺序结构

3.4　选 择 结 构

选择结构即条件判断，在我们的日常生活中也经常运用到，如"如果外面没下雨，就去打球"；"如果我有二十块钱，就可以去看电影"。这种"如果怎么样，就怎么样"的语句，可作为选择结构。

选择结构由单分支、双分支和多分支结构组成。

1. 单分支结构

如图 3-5 所示，从键盘输入一个整数，单击窗体，在窗体上显示它的奇偶性。

此程序可以由单分支结构解决。

（1）解决步骤

① 新建工程，添加窗体 Form1。

② 设置窗体的属性，其属性如表 3-9 所示。

图 3-5　判断奇偶性

表 3-9　图 3-5 窗体属性

对　　　象	属　　　性	属　性　值
窗体	Caption	单分支结构
	FontSize	36

③ 编写事件过程代码。

根据任务要求单击窗体，在窗体上显示其奇偶性，因此在窗体的 Click 事件过程中编写代码。

```
Private Sub Form_Click()
    Dim a As Integer                                      '声明一个整型变量
    a = Val(InputBox("请输入一个整数，然后单击确定按钮"))    '在键盘输入且赋值给 a
    If a Mod 2 = 0 Then                                   '判断 a 能否被 2 整除
        Print a & "是偶数"                                 '显示
    End If
    If a Mod 2<>0 Then
        Print a&"是奇数"
```

```
        End If
    End Sub
```

④ 保存程序，调试运行。

（2）相关知识点归纳

① 单分支结构的语法：

第一种情况：
```
If <条件表达式> Then
        语句块 (程序代码)
    End If
```

第二种情况：`If <条件判断式>Then <语句>`

② 说明：

条件表达式：一般为关系表达式、逻辑表达式、算术表达式。其分支按 True 或 False 进行判断。

语句块：可以是一句语句或多句语句。若用第二种简单形式表示，则只能是一句语句或语句间用冒号分隔，而且必须在一行上书写。

如把上例中的单分支结构改写成第二种情况：

`If a Mod 2 <> 0 Then Print a & "是奇数"`

③ 语句功能：

当条件表达式的值为 True 时，执行 Then 后面的语句块（或语句）；否则不做任何操作，其流程图如图 3-6 所示。

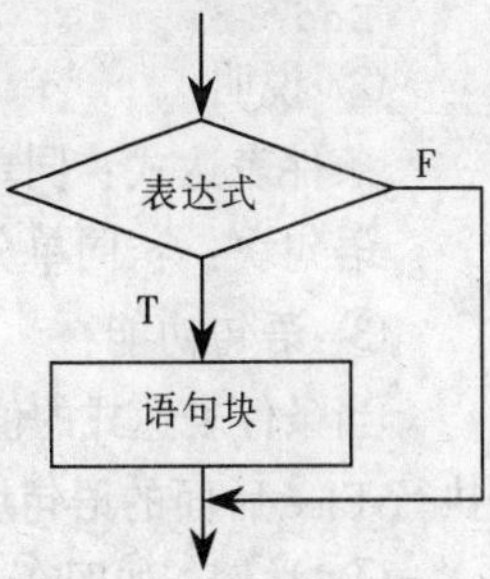

④ 举例：

已知两个数 x 和 y，使得 x>y。语句如下：

```
IF x<y Then
    t = x          'x 和 y 交换
    x = y
    y = t
End If
```
或 `IF x<y Then  t = x:x = y:y = t`

图 3-6　单分支结构

> **注　意**
> 将存放在两个变量中的数据进行交换，必须借助第三个变量才能实现。如果将上面的语句写成 IF x<y Then x=y:y=x 执行结果如何？

2. 双分支结构

如图 3-5 所示的程序也可以由双分支结构解决。

（1）解决步骤

① 新建工程，添加窗体 Form1。

② 设置窗体的属性，其属性如表 3-9 所示。

③ 编写事件过程代码。

根据任务要求单击窗体，在窗体上显示奇偶性，因此在窗体的 Click 事件过程中编写代码。

```
Private Sub Form_Click()
    Dim a As Integer                                    '声明一个整型变量
    a = Val(InputBox("请输入一个整数，然后单击"确定"按钮"))  '在键盘输入且赋值给 a
    If a Mod 2 = 0 Then                                 '判断 a 能否被 2 整除
```

```
        Print a&"是偶数"                    '能，显示偶数
    Else
        Print a&"是奇数"                    '不能，显示奇数
    End If
End Sub
```

④ 保存程序，调试运行。

（2）相关知识点归纳

① 双分支结构的语法：

```
IF <条件表达式> Then
    <语句块 1> (程序代码)
Else
    <语句块 2> (程序代码)
End If
```

② 说明：

条件表达式：同单分支结构。

语句块：：同单分支结构。

③ 语句功能：

当条件表达式的值为 True 时，执行 Then 后面的语句块 1 部分；当条件表达式的值为 False 时，执行 Else 后面的语句块 2 部分，其流程图如图 3-7 所示。

④ 举例：如图 3-8 所示的窗体中有一个文本框，要求在文本框中显示*号，程序运行时单击窗体，如果在文本框中输入"abcd"，则在窗体上显示"欢迎"；否则结束运行的程序。

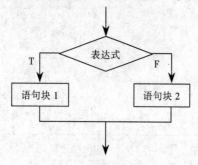

图 3-7 双分支结构

图 3-8 双分支结构示例

解决步骤：

a. 新建工程，添加窗体 Form1。

b. 添加文本框 Text1，并设置窗体和文本框的属性，其属性如表 3-10 所示。

表 3-10 图 3-8 窗体控件属性

对　　象	属　　性	属　性　值
窗体	Caption	双分支结构
	FontSize	24
文本框	Name	Text1
	PassWordChar	*

c. 编写事件过程代码。

根据任务要求，程序运行时单击窗体，因此在窗体的 Click 事件过程中编写代码。

```
Private Sub Form_Click()
    If Text1.Text = "abcd" Then      '判断输入的是否是 abcd
      Print "欢迎"                    '是，在窗体上显示欢迎
    Else                             '否，结束程序运行
       End
    End If
End Sub
```

d. 保存程序，调试运行。

注 意

此题涉及文本框控件，有关文本框控件的有关知识，将在第 4 章做详细介绍。

3. 多分支结构

如图 3-9 所示窗体中有一个文本框，程序运行时要求在文本框中输入某个学生的单科成绩、单击窗体，如果成绩在 90 分以上，在窗体上显示"优秀"；成绩在 80～90 分之间，在窗体上显示"良好"；成绩在 70～80 分之间，在窗体上显示"中等"；成绩在 60～70 分之间，在窗体上显示"及格"；成绩在 60 分以下，在窗体上显示"不及格"。

此程序可以由多分支结构解决。

图 3-9　多分支结构示例

（1）解决步骤

① 新建工程，添加窗体 Form1。

② 添加文本框 Text1，并设置窗体和文本框的属性，其属性如表 3-11 所示。

表 3-11　图 3-9 窗体文本框控件的属性

对　　象	属　　性	属　性　值
窗体	Caption	多分支结构
	FontSize	24
文本框	Name	Text1
	PassWordChar	

③ 编写事件过程代码。

根据任务要求，程序运行时单击窗体，因此在窗体的 Click 事件过程中编写代码。

```
Private Sub Form_Click()
    Dim cj As Single                    '声明变量存放成绩
    cj = Val(Text1.Text)                '给变量赋值
    If cj> = 90 And cj< = 100 Then      '判断成绩是否在 90~100 分之间
       Print "优秀"                      '是，窗体上显示优秀
    ElseIf cj> = 80 Then                '判断成绩是否在 80~90 分之间
       Print "良好"                      '是，窗体上显示良好
    ElseIf cj> = 70 Then                '判断成绩是否在 70~80 分之间
       Print "中等"                      '是，窗体上显示中等
    ElseIf cj> = 60 Then                '判断成绩是否在 60~70 分之间
       Print "及格"                      '是，窗体上显示及格
```

```
     Else                                    '判断成绩是否在60分以下
         Print "不及格"                       '是，窗体上显示不及格
     End If
End Sub
```
④ 保存程序，调试运行。

（2）相关知识点归纳

① 多分支结构的语法：

```
  IF <条件表达式1> Then
      <语句块1> (程序代码)
  ElseIf <条件表达式2> Then
      <语句块2> (程序代码)
      ...
    [Else
          语句块 n + 1]
End If
```

② 说明：

条件表达式：同单分支结构。

语句块：同单分支结构。

③ 语句功能：

当条件表达式 1 的值为 True 时，执行 Then 后面的语句块 1 部分；当条件表达式的值为 False 时，再看条件表达式 2 的值，若为 True，执行 Then 后面的语句块 2 部分；若为 False，再看条件表达式 3 的值……，依此类推，如果前 n 个条件表达式的值都为 False，则执行语句块 n+1。其流程图如图 3-10 所示。

 注 意

不管有几个分支，程序执行完一个分支后，其余分支不再执行。

ElseIf 不能写成 Else If。

④ 举例：编写一个按月收入额计个人收入所得税的应用程序。图 3-11 所示窗体中有一个文本框，程序运行时要求在文本框中输入某人的月收入，单击窗体，在窗体上显示其应纳税款。

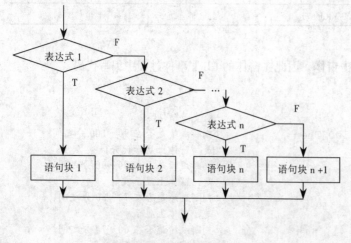

图 3-10　多分支结构　　　　　　　　　　　　　　　　图 3-11　征税程序

计税公式如下：

$$tax = \begin{cases} 0 & pay \leqslant 1000 \\ (pay - 1000) \times 0.05 & 1000 < pay \leqslant 1500 \\ (pay - 1500) \times 0.1 + 25 & 1500 < pay \leqslant 2000 \\ (pay - 2000) \times 0.15 + 75 & 2000 < pay \leqslant 2500 \\ (pay - 2500) \times 0.2 + 150 & 2500 < pay \leqslant 3000 \\ (pay - 3000) \times 0.25 + 250 & 3000 < pay \leqslant 3500 \\ (pay - 3500) \times 0.3 + 375 & 3500 < pay \leqslant 4000 \\ (pay - 4000) \times 0.35 + 525 & 4000 < pay \leqslant 4500 \\ (pay - 4500) \times 0.4 + 700 & pay \geqslant 2500 \end{cases}$$

其中，pay 为纳税人的月收入。

解决步骤：

a. 新建工程，添加窗体 Form1。

b. 添加文本框 Text1，并设置窗体和文本框的属性，其属性如表 3-12 所示。

表 3-12 图 3-11 窗体和文本框控件的属性

对　　象	属　　性	属　性　值
窗体	Caption	征税程序
	FontSize	24
文本框	Name	Text1
	PassWordChar	

c. 编写事件过程代码。

根据任务要求，程序运行时单击窗体，在窗体的 Click 事件过程中编写代码。

```
Private Sub Form_Click()
    Dim Tax As Single,pay As Single        '声明变量
    pay = Val(Text1.Text)                  '给变量赋值
    If pay< = 1000 Then                    '判断收入是否在1000元内
        Tax = 0                            '是，计算应纳税款
    ElseIf pay< = 1500 Then                '判断收入是否在1500元内
        Tax = (pay - 1000)*0.05            '是，计算应纳税款
    ElseIf pay< = 2000 Then                '判断收入是否在2000元内
        Tax = 25 + (pay - 1500)*0.1        '是，计算应纳税款
    ElseIf pay< = 2500 Then                '判断收入是否在2500元内
        Tax = 75 + (pay - 2000)*0.15       '是，计算应纳税款
    ElseIf pay< = 3000 Then                '判断收入是否在3000元内
        Tax = 150 + (pay - 2500)*0.2       '是，计算应纳税款
    ElseIf pay< = 3500 Then                '判断收入是否在3500元内
        Tax = 250 + (pay - 3000)*0.25      '是，计算应纳税款
    ElseIf pay< = 4000 Then                '判断收入是否在4000元内
        Tax = 375 + (pay - 3500)*0.3       '是，计算应纳税款
    ElseIf pay< = 4500 Then                '判断收入是否在4500元内
        Tax = 525 + (pay - 4000)*0.35      '是，计算应纳税款
    Else                                   '判断收入是否超过4500元
        Tax = 700 + (pay - 4500)*0.4       '是，计算应纳税款
```

```
   End If
      Print "应纳税款为: "; Tax; "元"    '窗体上显示纳税款
End Sub
```

d．保存程序，调试运行。

4．多情况语句

图 3-12　多情况语句示例

如图 3-12 所示的窗体中有一个文本框，程序运行时要求在文本框中输入 "+"、"-"、"×"、"÷" 其中一个四则运算符号后，单击窗体，通过键盘输入两个数，把两个数的计算结果显示在窗体上。

此程序可以由多分支结构解决。

（1）解决步骤

① 新建工程，添加窗体 Form1。

② 添加文本框 Text1，并设置窗体和文本框的属性，其属性如表 3-13 所示。

表 3-13　图 3-12 窗体和文本框控件的属性

对　　象	属　　性	属　性　值
窗体	Caption	多情况语句
	FontSize	24
文本框	Name	Text1
	PassWordChar	

③ 编写事件过程代码。

根据任务要求，程序运行时单击窗体，在窗体的 Click 事件过程中编写代码。

```
Private Sub Form_Click()
   Dim Num1 As Single,Num2 As Single            '声明变量
   Dim op As String
   Num1 = Val(InputBox("请输入第一个数: "))       '给变量赋值
   Num2 = Val(InputBox("请输入第二个数: "))
   op = Text1.Text
   Select Case op                               '判断输入的运算符号
    Case"+"                                     '若是"+"
     Print Num1&"+"&Num2&" = ";Num1 + Num2      '输出算式及结果
    Case"-"                                     '若是"-"
     Print Num1&"-"&Num2&" = ";Num1 - Num2      '输出算式及结果
    Case"×"                                     '若是"×"
     Print Num1&"×"&Num2&" = ";Num1 * um2       '输出算式及结果
    Case"÷"                                     '若是"÷"
     Print Num1&"÷"&Num2&" = ";Num1 / Num2      '输出算式及结果
   End Select
End Sub
```

④ 保存程序，调试运行。

（2）相关知识点归纳

① 多情况语句的语法：

```
Select Case 变量或表达式
   Case 表达式列表1
```

```
        语句块 1
    Case  表达式列表 2
        语句块 2
    …
    [Case Else
        语句块 n + 1]
End  Select
```

② 说明：

表达式：可以是数值型或字符串表达式。

语句块 1、语句块 2…：同单分支结构。

表达式列表：与“变量或表达式”的类型必须相同，可以是下面四种形式之一：

- 表达式。
- 一组枚举表达式（用逗号分隔）。
- 表达式 1 To 表达式 2。
- Is 关系运算符表达式。

前一种形式是与某个值比较，后三种形式是与设定值的范围比较。

```
例如：Case  4              '表示测试表达式的值是 4
     Case 2,4,6           '表示测试表达式的值是 2、4 或 6
     Case  1  to 10       '表示测试表达式的值在 1 到 10 的范围内
     Case Is<5            '表示测试表达式的值小于 5
```

> **注　意**
>
> 关键字 To 用来指定一个范围。在这种情况下，必须把较小的值写在前面，较大的值写在后面，字符串常量的范围必须按字母顺序写出。如 Case -5 To 1
>
> 　　如果使用关键字 Is，则只能用关系运算符。即<、<=、>、>=、<>、=。当用其定义条件时，只能用简单条件，不能用逻辑运算符将两个或多个简单条件组合起来。如 Case Is >10 And Is<20 是不合法的。
>
> 　　在一个 Select Case 语句中，如下两种形式可以混用：
> ```
> Case IS>Lowerbound,5,6,12,Is<Uperbound
> Case IS<"HAN","Mao" To "Tao"
> ```

③ 语句功能：与多分支结构功能类似。

执行过程：先对“表达式”求值，然后测试该值或变量与哪一个 Case 子句中的“表达式列表”相匹配；如果找到了，则执行与该 Case 子句有关的语句块，并把控制转移到 End Select 后面的语句；如果没有找到，则执行 Case Else 子句有关的语句块，然后把控制转移到 End Select 后面的语句。

如图 3–12 所示的问题：程序运行后在文本框中输入“+”，单击窗体，在输入框中输入两个数 18 和 24，由于在文本框中输入的是 “+”，因此执行的是 Print Num1 & "+" & Num2 & "="; Num1 + Num2 语句，显示为“18+24＝42”。如果程序程序运行后在文本框输入“–”，执行的是 Print Num1 & "–" & Num2 & "="; Num1 – Num2 语句，显示为“18-24=-6”。因此，对于上面的程序来说，共有四种不同的输出结果，每次运行只能输出一种。

④ Select Case 语句与多分支结构 If...Then 中的 Else 语句块的功能类似。一般来说，可以使

用多分支结构语句的程序也能用多情况语句。例如，图 3-12 中的程序也可用多分支结构来编程。

```
Private Sub Form_Click()
    Dim Num1  As Single,Num2 As Single          '声明变量
    Dim op As String
    Num1 = Val(InputBox("请输入第一个数: "))      '给变量赋值
    Num2 = Val(InputBox("请输入第二个数: "))
    op = Text1.Text
    If op = "+" then                             '判断输入的运算符号是否是"+"
      Print Num1&"+" &Num2&" = ";Num1 + Num2     '是,输出算式及结果
    ElseIf op = "-" then                         '判断输入的运算符号是否是"-"
      Print Num1&"-"&Num2&"=";Num1 - Num2        '是,输出算式及结果
    ElseIf op = "×" then                         '判断输入的运算符号是否是"×"
      Print Num1&"×"&Num2&"=";Num1*Num2          '是,输出算式及结果
    ElseIf op = "÷" then                         '判断输入的运算符号是否是"÷"
      Print Num1&"÷"&Num2&"=";Num1/Num2          '是,输出算式及结果
    End If
End Sub
```

Select Case 语句与多分支结构 If...Then...Else 语句块的主要区别：Select Case 语句只对单个表达式求值，并根据要求值的结果执行不同的语句块，而多分支结构 If...Then...Else 语句块可以对不同的表达式求值，因而效率较高。

⑤ 如果同一个域值的范围在多个 Case 子句中出现，则只执行符合条件的第一个 Case 子句的语句块。

⑥ 多情况语句中，Case Else 子句必须放在所有的 Case 子句后。如果 Select Case 结构中的任何一个 Case 子句都没有与表达式相匹配的值，而且也没有 Case Else 子句，则不执行任何操作。

⑦ 举例：在多分支结构中，图 3-9 所示的问题也可由多情况语句解决。解决步骤：

a. 新建工程，添加窗体 Form1。

b. 添加文本框 Text1，并设置窗体和文本框的属性，其属性如表 3-11 所示。

c. 编写事件过程代码。

根据任务要求，程序运行时单击窗体，在窗体的 Click 事件过程中编写代码。

```
Private Sub Form_Click()
    Dim cj As Single                '声明变量存放成绩
    cj = Val(Text1.Text)            '给变量赋值
    Select Case cj
    Case 90 to 100                  '判断成绩是否在 90~100 分之间
      Print "优秀"                   '是，窗体上显示优秀
    Case 80 to 90                   '判断成绩是否在 80~90 分之间
      Print "良好"                   '是，窗体上显示良好
    Case 70 to 80                   '判断成绩是否在 70~80 分之间
      Print "中等"                   '是，窗体上显示中等
    Case 60 to 70                   '判断成绩是否在 60~70 分之间
      Print "及格"                   '是，窗体上显示及格
    Case Else                       '判断成绩是否在 60 分以下
      Print "不及格"                 '是，窗体上显示不及格
    End If
End Sub
```

d. 保存程序，调试运行。

5. 拓展知识介绍

（1）If 语句的嵌套

If 语句的嵌套是指 If 或 Else 后面的语句块中又包括 If 语句。其形式如下：

```
If  <表达式1>  then
    If  <表达式2>  then
      语句块
    End If
    语句块
End If
```

例如，已知 x、y、z 三个数，比较它们的大小并排列，使得 x > y > z。实现的语句如下：

```
If  x<y Then t = x: x = y: y = t     '使得x>y
If  y<z Then                         '使得y>z
    t = y
    y = z
    z = t
    If  x<y Then                     '使得x>y, 此时的x,y已不是原来的x,y
      t = x: x = y: y = t
    End If
End If
```

> **注　意**
>
> 对于嵌套结构，为了增强程序的可读性，书写时采用锯齿型。
>
> If 语句形式，若不在一行上书写，必须与 End If 配对。多个 If 嵌套，End If 与它最接近的 End If 配对。

（2）IIf() 函数

IIf() 函数可用来执行简单的条件判断操作，它是"If...Then...Else"结构的简写，也是"Immediate If"的缩略。

格式如下：

```
Result = IIf(条件,True 部分,False 部分)
```

其中：

Result：函数的返回值。

条件：一个逻辑表达式。

True 部分和 False 部分：可以是一个表达式、变量或其他函数。

功能：当"条件"为真时，IIf() 函数返回"True 部分"，而当"条件"为假时，返回"False 部分"。

例如，有如下的条件语句：

```
 If a>5 Then
    R = 1
 Else
    R = 2
End if
```

则可用下面的 IIf() 函数来代替：

```
R = IIf(a>5,1,2)
```

注 意

IIf()函数中的三个参数都不能省略，而且要求"True 部分"、"False 部分"及结果变量的类型一致。

由于 IIf()函数要计算"True 部分"和"False 部分"，可能会产生副作用。例如，如果 False 部分存在；出现被零除问题，则程序将会出错（即使"条件"为 True）。

3.5 循 环 结 构

在实际应用中，经常遇到一些操作并不复杂，但需要反复多次处理的问题，例如人口增长统计，国民经济发展计划增长情况，银行存款利率的计算等。对于这类问题，如果用顺序结构的程序来处理，将是十分烦琐的，而有时候可能是难以实现的。为此，VB 提供了多种形式的循环结构。使用循环语句，可以实现循环结构程序设计。

循环是在指定的条件下多次重复一组语句，循环语句产生一个重复执行的语句序列，直到指定的条件满足为止。VB 提供了三种不同风格的循环结构，包括计数循环（For...Next 循环）、当循环（While...Wend 循环）、Do 循环（Do...Loop 循环）。

1. For 循环语句

如图 3-13 所示，单击窗体在文本框上显示 100～500 之间能被 3 整除但不能被 2 整除的整数。

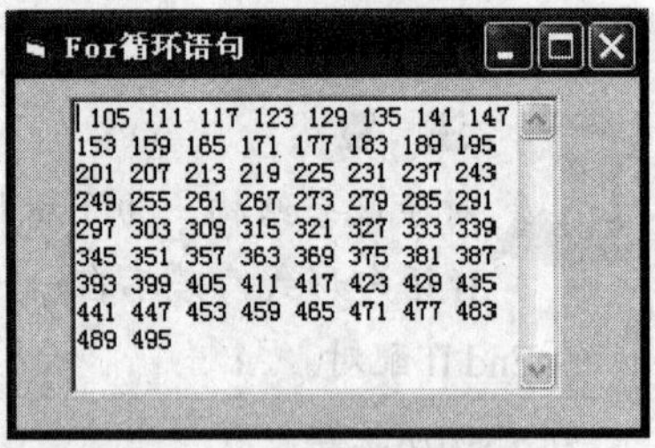

此程序可以由 For...Next 循环语句解决。

（1）解决步骤

① 新建工程，添加窗体 Form1。

② 添加文本框 Text1，并设置窗体和文本框的属性，其属性如表 3-14 所示。

图 3-13 For 循环语句输出结果

表 3-14 图 3-13 窗体和文本框控件的属性

对 象	属 性	属 性 值
窗体	Caption	For 循环语句
文本框	MultiLine	True
	ScrollBars	2

③ 编写事件过程代码。

根据任务要求，程序运行时单击窗体，在窗体的 Click 事件过程中编写代码。

```
Private Sub Form_Click()
  Dim i As Integer                       '声明变量
  For i = 100 To 500
    If i Mod 3 = 0 And i Mod 2<>0 Then   '判断
      Text1.Text = Text1.Text&Str(i)     '若满足，赋值给文本框
    End If
  Next i
End Sub
```

④ 保存程序，调试运行。

（2）相关知识点归纳

① For 循环语句的语法：

```
For  循环变量 = 初值  To  终值  [Step 步长]
     循环体
     [Exit For]
Next [循环变量][,循环变量]…
```

② 说明：

循环变量：亦称"循环计数器"，必须是一个数值变量，但不能是下标变量或记录元素。

初值：循环变量的初值，它是一个数值表达式。

终值：循环变量的终值，它也是一个数值表达式。

步长：循环变量的增值，是一个数值表达式。其值可以是正数（递增循环）或负数（递减循环），但不能为 0。如果步长为 1，则可略去不写。

循环体：可以是一个或多个语句。

Exit For：退出循环。

Next：循环终端语句，在 Next 后面的"循环变量"和 For 语句中"循环变量"必须相同。

> **注　意**
> 格式中的初值、终值、步长均为数值表达式，但其值不一定是整数，可以是实数，VB 自动取整。

③ 语句执行过程：

执行过程：首先把"初值"赋给"循环变量"，接着检查"循环变量"的值是否超过终值，如果超过就停止执行"循环体"，跳出循环，执行 Next 后面的语句；否则执行"循环体"，然后把"循环变量+步长"的值赋给"循环变量"，重复上述过程。

这里所说的"超过"有两种含义，即大于或小于。当步长为正值时，检查循环变量是否大于终值；当步长为负值时，判断循环变量的值是否小于终值。如图 3-14 所示为其流程图。

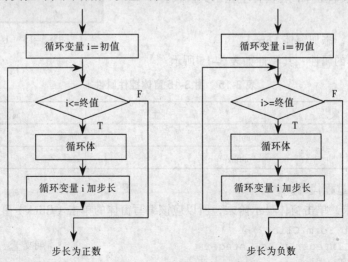

图 3-14　For 循环流程图

下面通过例子说明 For...Next 循环的执行过程：

```
Dim i As Integer,Sum As Integer
```

```
    For i = 1 To 100 Step 2
        Sum = Sum + i
    Next i
```

在这里，i 为循环变量，初值为 1，终值为 100，步长为 2，Sum=Sum+i 是循环体。执行过程如下：

- 把初值赋给循环变量 i。
- 将 i 的值与终值进行比较，若 i>100，则跳出循环，否则执行循环体。
- i 增加一个步长值，即 i=i+2。
- 将 i 的值再与终值进行比较，若 i>100，则跳出循环，否则执行循环体。

④ 在 VB 中，For...Next 循环遵循"看检查，后执行"的原则，即先检查循环变量是否超过终值，然后决定是否执行循环体。因此，在下列情况下，循环体将不会被执行：

- 当步长为正数，初值大于终值。
- 当步长为负数，初值小于终值。

当初值等于终值时，不管步长是正数还是负数，均执行一次循环体。

⑤ For 语句和 Next 语句必须成对出现，不能单独使用，且 For 语句必须在 Next 语句前。

⑥ 循环次数由初值、终值和步长三个因数确定，计算公式为：

$$循环次数＝Int（终值-初值）/步长+1$$

⑦ 一般情况下，For...Next 语句正常结束，循环变量到达终值。但在有些情况下，可能需要在循环变量到达终值前退出循环，可以通过 Exit For 语句实现。此时通常要和条件语句结合使用。

⑧ 举例：

求 N!（N 为自然数），如图 3-15 所示，由键盘输入一个自然数，要求单窗体，在窗体上显示其阶乘。

解决步骤：

a. 新建工程，添加窗体 Form1。

b. 设置窗体的属性，其属性如表 3-15 所示。

图 3-15　10 的阶乘

表 3-15　图 3-15 窗体控件属性

对象	属性	属性值
窗体	Caption	阶乘
	FontSize	24

c. 编写事件过程代码。

根据任务要求，单击窗体显示阶乘，所以应该编写窗体的单击（Click）事件过程代码。

```
Private Sub Form_Click()
    Dim i As Integer,n As Integer          '声明变量
    Dim j As Double
    n = Val(InputBox("请输入自然数N: "))    '变量赋初值
    j = 1
    For i = 1 To n                         '求阶乘
```

```
        j = j*i
    Next i
    Print n&"! = "&j                              '显示阶乘
End Sub
```

d. 保存程序，调试运行。

编一个程序用星号*在窗体上输出倒三角形，如图 3-16 所示。要求单击窗体并在窗体上显示一个倒立直角三角形。

解决步骤：

a. 新建工程，添加窗体 Form1。

b. 设置窗体的属性，其属性如表 3-16 所示。

表 3-16　图 3-16 窗体控件属性

对　　象	属　　性	属　性　值
窗体	Caption	倒立三角形
	FontSize	24

c. 编写事件过程代码。

根据任务要求，单击窗体显示阶乘，所以应该编写窗体的单击（Click）事件过程代码。

```
Private Sub Form_Click()
    Dim i As Integer                            '声明变量
    For i = 15 To 1 Step - 2
        Print Tab(5);String(i,"*")              '显示
    Next i
End Sub
```

d. 保存程序，调试运行。

2. 循环语句

如图 3-17 所示，由键盘输入一个大于 2 的整数，要求单击窗体并在窗体上显示这个整数是否是素数。

图 3-16　显示倒立三角形

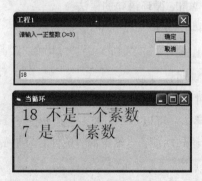

图 3-17　判断素数

此程序可以由 While ...Wend 循环语句解决。步骤如下：

（1）解决步骤

① 新建工程，添加窗体 Form1。

② 设置窗体的属性，其属性如表 3-17 所示。

表 3-17　图 3-17 窗体控件属性

对　　象	属　　性	属 性 值
窗体	Caption	当循环
	FontSize	24

③ 编写事件过程代码。

根据任务要求，单击窗体，在窗体上显示，在窗体的 Click 事件过程中编写代码。

```
Private Sub Form_Click()
    Dim i As Integer,k As Integer,n As Integer    '声明变量
    Dim swit As Integer
    n = Val(InputBox("请输入一正整数(> = 3)"))       '变量赋初值
    k = Int(Sqr(n))
    i = 2
    swit = 0
    While i< = k And swit = 0        '判断n能否被2~k间的整数整除
        If n Mod i = 0 Then          '能,swit = 1
            swit = 1
        Else                         '否,swit = 0
            i = i + 1
        End If
    Wend
    If swit = 0 Then                 '判断swit是是否为0
        Print n;"是一个素数"          '是，显示是素数
    Else
        Print n;"不是一个素数"         '否，显示不是素数
    End If
End Sub
```

④ 保存程序，调试运行。

（2）相关知识点归纳

① While 循环语句的语法：

```
While  条件
      循环体
Wend
```

② 说明：

条件：为一逻辑表达式。

循环体：可以是一个或多个语句。

③ 语句功能：当给定的"条件"为 True 时，执行循环中的循环体。

执行过程：如果"条件"为 True，则执行循环体，当遇到 Wend 语句时，控制返回到 While 语句并对"条件"测试，如仍然为 True，则重复上述过程；如果"条件"为 False，则不执行循环体，而执行 Wend 后面的语句，如图 3-18 所示。

④ 当循环与 For 循环的区别：For 循环对循环体执行指定的次数，当循环则是在给定的条件为 True 时重复循环体的执行。

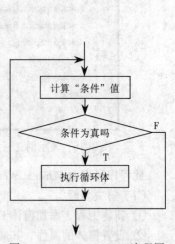

图 3-18　While …Wend 流程图

> **注 意**
>
> While 循环语句先对"条件"进行测试,然后才决定是否执行循环体,只有在"条件"为 True 时才执行循环体。如果条件从开始就不成立,则一次循环体也不执行。
>
> 如果条件总是成立,则不停地重复执行循环体,这种现象称为"死循环"。

⑤ 举例:

求 1 到 100 的整数和,如图 3-19 所示,单击窗体,在窗体上显示和。

解决步骤:

a. 新建工程,添加窗体 Form1。

b. 设置窗体的属性,其属性如表 3-18 所示。

表 3-18　图 3-11 窗体属性

对　　象	属　　性	属　性　值
窗体	Caption	整数和
	FontSize	16

c. 编写事件过程代码。

根据任务要求,单击窗体显示,所以应该编写窗体的单击(Click)事件过程代码。

```
Private Sub Form_Click()
  Dim i As Integer,sum As Integer      '声明变量
  i = 1                                '变量赋初值
  While i< = 100                       '根据条件计算整数和
    sum = sum + i
    i = i + 1
  Wend
  Print "1到100间的整数和为: ";sum     '显示
End Sub
```

d. 保存程序,调试运行。

3. Do…Loop 循环语句

Do…Loop 循环语句共有四种形式,首先介绍第一种形式。如图 3-20 所示,目前世界人口约为 60 亿,如果以每年 1.4% 的速度增长,求多少年后世界人口达到或超过 70 亿。要求单击窗体显示结果。

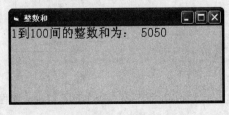

图 3-19　整数和

图 3-20　Do…Loop 语句示例

(1)解决步骤

① 新建工程,添加窗体 Form1。

② 设置窗体的属性，其属性如表 3-19 所示。

表 3-19　图 3-20 窗体控件属性

对　　象	属　　性	属　性　值
窗体	Caption	Do 循环
	FontSize	16

③ 编写事件过程代码。

根据任务要求，单击窗体显示，应该编写窗体的单击（Click）事件过程代码。

```
Private Sub Form_Click()
    Dim p As Double                     '声明变量
    Dim r As Single
    Dim n As Integer
    p = 6000000000#                     '变量赋初值
    r = 0.014
    n = 0
    Do While p< = 7000000000#           '根据条件计算
        p = p*(1 + r)
        n = n + 1
    Loop
    Print n&"年后世界人口达" & p         '显示
End Sub
```

④ 保存程序，调试运行。

（2）相关知识点归纳

① Do While ... Loop 格式：

```
Do While 循环条件
    循环体
Loop
```

其中，"循环条件"、"循环体"同当循环，以下不再介绍。

执行过程：当指定的"循环条件"为 True 时，执行循环体；否则，执行 Loop 后面的语句。其流程图如图 3-21 所示。

例如：计算 1 到 100 间整数和。

```
Dim i As Integer
Dim sum As Integer
i = 1
Do While i< = 100
    sum = sum + i
    i = i + 1
Loop
Print "1到100间的整数和为: ";sum
```

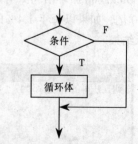

图 3-21　Do While... Loop 流程图

② Do Until ...Loop 格式：

```
Do Until 循环条件
        循环体
Loop
```

执行过程：直到指定的"循环条件"为 True 时，执行循环体；否则，执行 Loop 后面的语句。其流程图如图 3-22 所示。

例如：如图 3-20 所示的程序题也可用此语句解决。

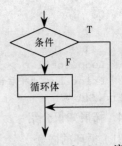

图 3-22　Do Until ...Loop 流程图

```
Private Sub Form_Click()
    Dim p As Double
    Dim r As Single
    Dim n As Integer
    p = 6000000000#
    r = 0.014
    n = 0
    Do Until p >7000000000#     '条件语句变了
      p = p * (1 + r)
      n = n + 1
    Loop
    Print n & "年后世界人口达" & p
End Sub
```

③ Do ...Loop While 格式：

```
Do
    循环体
Loop While 循环条件
```

执行过程：先执行循环体后判断，当指定的"循环条件"为 True 时，执行循环体；否则，执行 Loop 后面的语句。其流程图如图 3-23 所示。

例如：如图 3-20 所示的程序题也可用此语句解决。

```
Private Sub Form_Click()
    Dim p As Double
    Dim r As Single
    Dim n As Integer
    p = 6000000000#
    r = 0.014
    n = 1
    Do
       p = p * (1 + r)
       n = n + 1
    Loop While p <= 7000000000#
    Print n & "年后世界人口达" & p
End Sub
```

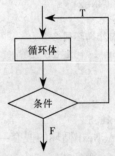

图 3-23　Do...Loop While 流程图

④ Do ...Loop Until 格式：

```
Do
    循环体
Loop Until 循环条件
```

执行过程：先执行循环体后判断，直到指定的"循环条件"为 True 时，执行循环体；否则，执行 Loop 后面的语句。其流程图如图 3-24 所示。

例如：如图 3-20 所示的程序题也可用此语句解决。

```
Private Sub Form_Click()
    Dim p As Double
    Dim r As Single
    Dim n As Integer
    p = 6000000000#
    r = 0.014
    n = 1
```

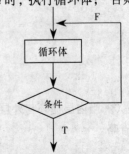

图 3-24　Do...Loop Until 流程图

```
    Do
        p = p * (1 + r)
        n = n + 1
    Loop Until p > 7000000000#
    Print n & "年后世界人口达" & p
End Sub
```

4. 拓展知识介绍

（1）循环的嵌套

无论是 For...Next 循环、While...Wend 循环，还是 Do...Loop 循环，都可以在大循环中套小循环使用。

For...Next 循环的嵌套：其基本要求是每个循环必须有一个唯一的变量名作为循环变量（即内循环变量与外循环变量不能同名）；内层循环的 Next 语句必须放在外层循环的 Next 语句之前，不能交叉。错误程序如下：

```
'内外循环交叉
For i = 1 To 10
    For j = 1 To 10
        ...
    Next i
Next j
'内外循环同名
For i = 1 To 10
    For i = 1 To 10
        ...
    Next i
Next i
```

For...Next 循环的嵌套一般有如下三种形式：

① 一般形式：

```
For i = ...
    For j = ...
        For k = ...
            ...
        Next k
    Next j
Next i
```

② 省去 Next 后面的 i、j、k。

```
For i = ...
    For j = ...
        For k = ...
            ...
        Next
    Next
Next
```

③ 当内层循环与外层循环有相同的终点时，可以共用一个 Next 语句，此时循环变量名不可以省略。

```
For i = ...
    For j = ...
```

```
     For k = …
            …
Next  k,j,i
```

当循环和 Do 循环也可以嵌套，其规则与 For…Next
循环相同。

（2）循环的嵌套应用举例

如图 3-25 所示，要求单击窗体显示所示图案。

图 3-25　显示正立等腰三角形

解决步骤：

① 新建工程，添加窗体 Form1。

② 设置窗体的属性，其属性如表 3-20 所示。

表 3-20　图 3-25 窗体控件属性

对　象	属　性	属　性　值
窗体	Caption	循环嵌套
	FontSize	16

③ 编写事件过程代码。

根据任务要求，单击窗体显示，所以应该编写窗体的单击（Click）事件过程代码。

```
Private Sub Form_Click()
   Dim i As Integer
   Dim j As Integer
   For i = 1 To 7                  '利用循环变量 i 控制输出的行数
       Print Spc(15 - i);         '设置输出格式
       For j = 1 To 2 * i - 1      '利用循环变量 J 控制每行输出的星号数目
           Print "*";
       Next j
       Print                       '换行
Next i
End Sub
```

④ 保存程序，调试运行。

如图 3-26 所示，要求单击窗体显示九九乘法口诀表（9 行 9 列）。

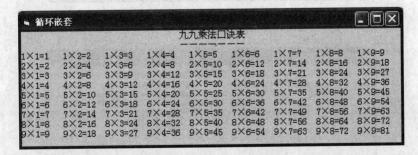

图 3-26　九九乘法口诀表

解决步骤：

① 新建工程，添加窗体 Form1。

② 设置窗体的属性，其属性如表 3-21 所示。

表 3-21 图 3-26 窗体属性

对　　象	属　　性	属　性　值
窗体	Caption	循环嵌套
	FontSize	五号

③ 编写事件过程代码。

根据任务要求，单击窗体显示，所以应该编写窗体的单击（Click）事件过程代码。

```
Private Sub Form_Click()
  Dim i As Integer,j As Integer        '声明变量
  Dim se As String
  Print Tab(35);"九九乘法口诀表"           '显示
  Print Tab(35);"-------"
  For i = 1 To 9                       '利用循环变量作为乘数和被乘数打印乘法表
    For j = 1 To 9
      se = i & "×" & j & "=" & i * j
      Print Tab((j - 1) * 9 + 1);se;
    Next j
    Print                              '换行
  Next i
End Sub
```

④ 保存程序，调试运行。

想一想

若要单击窗体显示图 3-27、图 3-28 所示的图案。程序该如何改动？

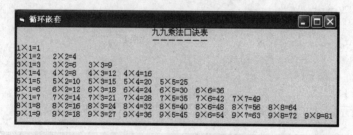

图 3-27　九九乘法口诀表（1）

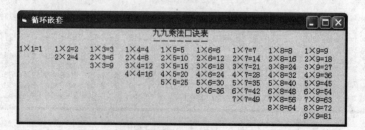

图 3-28　九九乘法口诀表（2）

如图 3-29 所示，要求单击窗体显示水仙花数。水仙花数是三位数，其个位的三次方、十位的三次方与百位的三次方之和等于其本身。如 $153 = 1^3 + 5^3 + 3^3$。

解决步骤：

① 新建工程，添加窗体 Form1。

② 设置窗体的属性，其属性如表 3-22 所示。

表 3-22　图 3-29 窗体属性

对　象	属　性	属　性　值
窗体	Caption	循环嵌套
	FontSize	五号

③ 编写事件过程代码。

根据任务要求，单击窗体显示，应该编写窗体的单击（Click）事件过程代码。

```
Private Sub Form_Click()
    Dim i As Integer,j As Integer,k As Integer    '声明变量
    For i = 1 To 9                                '利用循环变量 i 控制百位数
      For j = 0 To 9                              '利用循环变量 j 控制十位数
        For k = 0 To 9                            '利用循环变量 k 控制个位数
          If 100*i + 10*j + k = i^3 + j^3 + k^3 Then   '判断由 i、j、k 组成的
                                                       '三位数是否水仙花数
                Print 100*i + 10*j + k
          End If
        Next k
      Next j
    Next i
End sub
```

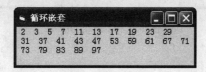

图 3-29　水仙花数

④ 保存程序，调试运行。

如图 3-30 所示，要求单击窗体在窗体上输出 100 以内的素数，按每行 10 个数显示。

图 3-30　素数

解决步骤：

① 新建工程，添加窗体 Form1。

② 设置窗体的属性，其属性如表 3-23 所示。

表 3-23　图 3-30 窗体属性

对　象	属　性	属　性　值
窗体	Caption	循环嵌套
	FontSize	五号

③ 编写事件过程代码。

根据任务要求，单击窗体显示，应该编写窗体的单击（Click）事件过程代码。

```
Private Sub Form_Click()
  Dim Flag As Boolean,i As Integer,j As Integer    '声明变量
```

```
Dim m As Integer,a As Integer
For i = 2 To 100                        '利用循环语句检验2到100间的数是否是素数
   Flag = True                          '设置一个标志,是素数其值为True,否则为False
   m = Int(Sqr(i))                      '把i的平方根赋值给m
   For j = 2 To m                       '判断能否被2到Sqr(i)间的数除尽
       If i Mod j = 0 Then:Flag = False:Exit For    '能被除尽时跳出循环
    Next j
    If Flag = True Then                 '是素数时显示
    Print i;
    a = a + 1
     If a Mod 10 = 0 Then Print         '每行显示10个
    End If
  Next i
End Sub
```

④ 保存程序，调试运行。

3.6　数　　组

在 3.4 和 3.5 节中，我们学习了用基本语句编写程序的方法。但是在实际应用中，对于大量的数据处理还不是很方便的。如图 3-31 所示，由键盘输入 10 个数，显示在窗体上，然后排序显示。怎样设计实现这个问题，由数组来解决。

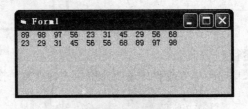

图 3-31　排序

1．数组

如图 3-31 所示，此程序用数组排序的方式解决较方便。

（1）定义

数组：具有相同数据类型的元素所构成的有序集合，每个数组是用一个统一的名称表示数组元素的集合，数组中的每一个元素具有唯一索引号（即下标），可以用数组名及下标唯一地识别一个数组的元素。

其表示形式如下：

A(1)、A(12)

X(1,1)、X1(1,8)、X(2,8)。

Y(0,0,0)、Y(1,3,6) 等。

数组必须遵循先声明后使用的原则，声明一个数组就是声明其数组名、类型、维数和数组的大小。下标的个数决定数组的维数，各维下标之间用逗号分开。在 VB 中有一维数组、二维数组等，最多可以达到 60 维。按声明时是否可以确定数组的大小（元素个数）将数组分为静态数组和动态数组，前者大小固定，后者大小不确定，在使用前需要重定义。

（2）分类

VB 中的数组，按不同的方式可分为如下几类：

- 按数组的大小是否可以改变可分为：定长数组、动态（可变长）数组。
- 按元素的数据类型可分为：数值型数组、字符串数组、日期型数组、变体数组等。
- 按数组的维数可分为：一维数组、二维数组、多维数组。
- 对象数组：菜单对象数组、控件数组。

本节课主要研究定长数组的一维数组和二维数组。

2．声明数组

一维数组的声明：

```
Dim 数组名([<下界>to]<上界>)[As<数据类型>]
```

或：

```
Dim 数组名[<数据类型符>]([<下界>to]<上界>)
```

例如：Dim A(1 to 10) as Integer   ' 声明了 A 数组有 10 个元素

说明：

- 数组名的命名规则与变量的命名相同。
- 数组的元素个数为：（上界–下界）+1。在首次声明数组时，缺省数组的大小说明，在数组名后只跟着一对括号，则定义的是动态数组。
- [<下界>to]缺省时默认值为 0，若希望下标从 1 开始，可在模块的通用部分使用 Option Base 语句并设置为 1。其使用格式：

```
Option Base 0|1           ' 后面的参数只能取 0 或 1
```

注　意

该语句不能在过程中使用。

例如：

```
Option Base  1       ' 将数组声明中缺省<下界>下标设为 1
```

- <下界>和<上界>不能使用变量，必须是常量，常量可以是直接常量、符号常量或常量表达式，一般是整型常量。

如果省略 As 子句，则数组的类型为变体类型。

- 数组中各元素在内存占一段连续的存储空间，一维数组在内存中存放的顺序按照下标大小的顺序，如表 3–24 所示（一维数组中数据存储顺序）。

表 3-24　数组的存储

A(0)	A(1)	A(2)	A(3)	……	A(n)

3．数组操作

一维数组的基本操作：

（1）引用

数组名（下标）。

其中，下标可以是整型变量、常量或表达式。

例如，设有数组 B(10) as Integer；则下面的语句都是正确的。

```
A(1) = A(2) + B(1) + 5         '取数组元素运算
A(i) = B(i)                    '下标使用变量
B(i + 1) = A(i + 2)            '下标使用表达式
```

（2）可通过循环给数组元素赋初值

```
For  i = 1 To 10
    A(i) = 1                   'A数组的每个元素值为1
Next i
```

（3）数组的输入及输出

如图 3-32 所示，输入 4 个整数，并存到数组 a 中，单击窗体并显示在窗体上。

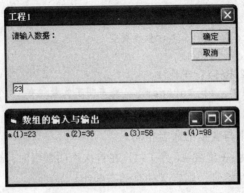

图 3-32　数组的输入与输出

解决步骤：

① 新建工程，添加窗体 Form1。

② 设置窗体的属性，其属性如表 3-25 所示。

表 3-25　图 3-32 窗体属性

对　　象	属　　性	属　性　值
窗体	Caption	数组的输入与输出
	FontSize	五号

③ 编写事件过程代码。

根据任务要求，单击窗体时显示，所以应该编写窗体的单击（Click）事件过程代码。

```
Option Base 1                  '使数组的下标下界为1
Private Sub Form_Click()
    Dim a(4) As Integer        '声明数组
    For i = 1 To 4             '给数组赋值
        a(i) = Val(InputBox("请输入数据: "))
        Print "a(" & i & ")=" & a(i),     '显示数组
    Next i
End Sub
```

④ 保存程序，调试运行。

（4）求数组中最大元素及所在下标

如图 3-33 所示，输入 10 个整数，并存入到数组 a 中，单击窗体并显示在窗体上，求出数组中最大元素及其所在下标。

解决步骤：

① 新建工程，添加窗体 Form1。

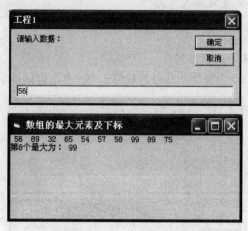

图 3-33　最大元素及下标

② 设置窗体的属性，其属性如表 3-26 所示。

表 3-26　图 3-33 窗体属性

对　　象	属　　性	属　性　值
窗体	Caption	数组的最大元素及下标
	FontSize	五号

③ 编写事件过程代码。

根据任务要求，单击窗体时显示，所以应该编写窗体的单击（Click）事件过程代码。

```
Option Base 1                              '使数组的下标下界为1
   Private Sub Form_Click()
      Dim Max As Integer,iMax As Integer   '声明变量
      Dim i As Integer
      Dim a(10) As Integer                 '声明数组
      For i = 1 To 10                      '给数组赋值
         a(i) = Val(InputBox("请输入数据: "))
         Print a(i);                       '显示数组
      Next i
      Max = a(1): iMax = 1                 '假定第一个数组元素最大
      For i = 2 To 10
      If a(i) > Max Then                   '判断哪个最大
         Max = a(i)
         iMax = i
      End If
   Next i
   Print                                   '换行
   Print "第" & iMax & "个最大为: "; Max    '显示数组的最大元素及下标
End Sub
```

④ 保存程序，调试运行。

想一想

怎样求数组中最小元素及所在下标？

（5）将数组元素倒置

倒置就是把数组元素从后往前排列。

如图 3–34 所示，输入 10 个整数，并存到数组 a 中，单击窗体显示并将数组元素倒置输出。

图 3–34　数组倒序排列

解决步骤：

① 新建工程，添加窗体 Form1。

② 设置窗体的属性，其属性如表 3–27 所示。

表 3-27　图 3-34 窗体属性

对　　象	属　　性	属　性　值
窗体	Caption	数组元素倒置
	FontSize	五号

③ 编写事件过程代码。

根据任务要求，单击窗体时显示，所以应该编写窗体的单击（Click）事件过程代码。

```
Option Base 1                               '使数组的下标下界为1
   Private Sub Form_Click()
      Dim i As Integer,t As Integer         '声明变量
      Dim a(10) As Integer                  '声明数组
      For i = 1 To 10                       '给数组赋值
         a(i) = Val(InputBox("请输入数据: "))
         Print a(i);                        '显示数组
      Next i
      For i = 1 To 10 \ 2                    '倒序排列
         t = a(i)
         a(i) = a(10 - i + 1)
         a(10 - i + 1) = t
      Next i
      Print                                 '换行
      Print "倒序排列后: "
```

```
    For i = 1 To 10
        Print a(i);                                    '倒序显示
    Next i
End Sub
```

④ 保存程序，调试运行。

4. 应用数组

一维数组的应用：

（1）统计

如图 3-35 所示，程序运行后，输入一串字符串，统计各字母出现的次数，大小写字母不区分，要求单击窗体在窗体上显示各字母出现的次数。

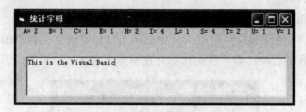

图 3-35　统计字母出现的次数

> **提 示**
>
> 统计 26 个字母出现的个数，必须声明一个具有 26 个元素的数组，每个元素的下标表示对应的字母，元素的值表示对应字母出现的次数。
>
> 从输入的字符串中逐一取出字符，转换成大写字符（使得大小写不区分），进行判断。

解决步骤：

① 新建工程，添加窗体 Form1。

② 添加文本框 Text1，并设置窗体和文本框的属性，其属性如表 3-28 所示。

表 3-28　图 3-35 窗体及文本框控件的属性

对　　象	属　　性	属　性　值
窗体	Caption	统计字母
	FontSize	五号
文本框	Name	Text1
	PassWordChar	

③ 编写事件过程代码。

根据任务要求，单击窗体时显示，应该编写窗体的单击（Click）事件过程代码。

```
Option Base 1                              '使数组的下标下界为1
Private Sub Form_Click()
    Dim i As Integer,j As Integer          '声明变量
    Dim le As Integer
    Dim c As String * 1
    Dim a(26) As Integer                   '声明数组
    le = Len(Text1.Text)                   '求字符串长度
    For i = 1 To le
```

```
        c = UCase(Mid(Text1.Text,i,1))           '取一字符串，转换成大写
            If c >= "A" And c <= "Z" Then
                j = Asc(c) - 65 + 1               '将A～Z大写字母转换成1～26的下标
                a(j) = a(j) + 1                   '对应数组元素加1
            End If
        Next i
        For j = 1 To 26                           '输出字母及其出现的次数
            If a(j) > 0 Then
                Print "  ";Chr$(j + 64);"=";  a(j);
            End If
        Next j
```

④ 保存程序，调试运行。

（2）利用一维数组求特殊数列的某项及和

如图 3-36 所示，求斐波那契数列前二十项的和，已知斐波那契数列的第 1 项是 0，第 2 项是 1，其余每项是前两项之和。编写程序计算并在窗体上输出。

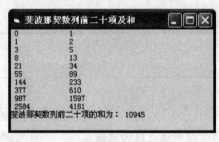

图 3-36　斐波那契数列前二十项及和

解决步骤：

① 新建工程，添加窗体 Form1。

② 设置窗体的属性，其属性如表 3-29 示。

表 3-29　图 3-36 窗体属性

对　　象	属　　性	属　性　值
窗体	Caption	斐波那契数列前二十项及和
	FontSize	五号

③ 编写事件过程代码。

根据任务要求，单击窗体时显示，应该编写窗体的单击（Click）事件过程代码。

```
Option Base 1                                 '使数组的下标下界为1
Private Sub Form_Click()
    Dim i As Integer,sum As Integer           '声明变量
    Dim a(20) As Integer                      '声明数组
    a(1) = 0: a(2) = 1                         '给第1、2项赋值
    For i = 3 To 20                           '求数组第3～20项
        a(i) = a(i - 1) + a(i - 2)
    Next i
    For i = 1 To 20                           '显示数组
        Print a(i),
        If i Mod 2 = 0 Then Print             '每行显示2个元素
```

```
    Next i
    For i = 1 To 20
        sum = sum + a(i)                        '求和
    Next i
    Print "斐波那契数列前二十项的和为: ";sum       '显示
End Sub
```

④ 保存程序，调试运行。

（3）排序

如图 3-31 所示为一个排序问题，关于这个问题，稍后再研究。

① 选择法排序算法思想：

a. 对有 n 个数的序列（存放在数组 a(n)中），从中选出最小（升序）或最大（降序）的数，与第 1 个数交换位置；

b. 除第 1 个数外，在其余 n-1 个数中选择最小或最大的数，与第 2 个数交换位置。

c. 依次类推，选择了 n-1 次后，这个数列已按升序或降序排列。

选择排序（递增）的 VB 程序段：

```
For i = 1 To n - 1
    p = i
    For j = i + 1 To n
        If a(p) > a(j) Then p = j
    Next j
    temp = a(i)
    a(i) = a(p)
    a(p) = temp
Next i
```

② 冒泡法排序算法思想：（将相邻两个数比较，小的放到前面）

a. 有 n 个数（存放在数组 a(n)中），第一趟将每个相邻的两个数比较，数小的放到前放，经 n-1 次两两相邻比较后，最大的数已"沉底"，放在最后一个位置，小数上升"浮起"；

b. 第二趟对余下的 n-1 个数（最大的数已"沉底"）按①中方法比较，经 n-2 次两两相邻比较后得次大的数。

c. 依次类推，n 个数共进行 n-1 趟比较，在第 j 趟中要进行 n-j 次两两比较。

冒泡法排序（递增）的 VB 程序段：

```
For i = 1 To n - 1
    For j = 1 To n - i
        If a(j) > a(j + 1) Then
        temp = a(j)
        a(j) = a(j + 1)
        a(j + 1) = temp
        End If
    Next j
Next i
```

5. 相关知识点归纳

（1）二维数组的声明方法

Dim 数组名([<下界>] to <上界>,[<下界> to]<上界>) [As<数据类型>]

其中的参数与一维数组完全相同。

例如：Dim a(2,3) As Single

二维数组在内存的存放顺序是"先行后列"。例如，数组 a 的各元素在内存中的存放顺序如下：

a(0,0)→a(0,1)→a(0,2)→a(0,3)→a(1,0)→a(1,1)→a(1,2)→ a(1,3)→a(2,0)→(2,1)→a(2,2)→a(2,3)

二维数组的大小（元素个数）：每一维个数之积。例如，a(2,3)数组元素个数为 12 个。

（2）二维数组的引用

引用形式：数组名(下标 1,下标 2)

例如：

```
a(1,2) = 10
a(i + 2, j) = a(2, 3)*2
```

在程序中常常通过二重循环来操作使用二维数组元素。

（3）二维数组的操作

二维数组数据的输入及输出：如图 3-37 所示，利用 inputbox()函数输入数据赋值给一个 4×4 的二维数组，单击窗体并显示在窗体上。

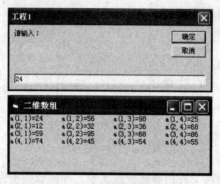

图 3-37　二维数组的输出

解决步骤：

① 新建工程，添加窗体 Form1。

② 设置窗体的属性，其属性如表 3-30 所示。

表 3-30　图 3-37 窗体属性

对　　象	属　　性	属　性　值
窗体	Caption	二维数组
	FontSize	五号

③ 编写事件过程代码。

根据任务要求，单击窗体时显示，所以应该编写窗体的单击（Click）事件过程代码。

```
Option Base 1                                      '使数组的下标下界为1
Private Sub Form_Click()
  Dim i As Integer,j As Integer                    '声明变量
  Dim a(4,4) As Integer                            '声明数组
  For i = 1 To 4
     For j = 1 To 4
         a(i,j) = Val(InputBox("请输入: "))        '数组赋值
         Print "a(" & i & "," & j & ")=" & a(i,j), '显示数组
```

```
      Next j
      Print                                    '换行
   Next i
End Sub
```

④ 保存程序，调试运行。

求最大元素及其所在的行和列。如图 3-38 所示，利用 inputbox() 函数输入数据赋值给一个 4 ×4 的二维数组，单击窗体并显示在窗体上，求其最大元素及其所在的行和列且显示出来

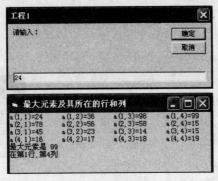

图 3-38　二维数组最大元素及其所在的行和列

解决步骤：

① 新建工程，添加窗体 Form1。

② 设置窗体的属性，其属性如表 3-31 所示。

表 3-31　图 3-38 窗体属性

对　　象	属　　性	属　性　值
窗体	Caption	最大元素及其所在的行和列
	FontSize	五号

③ 编写事件过程代码。

根据任务要求，单击窗体时显示，所以应该编写窗体的单击（Click）事件过程代码。

```
Option Base 1                             '使数组的下标下界为1
Private Sub Form_Click()
   Dim i As Integer,j As Integer          '声明变量
   Dim max As Integer                     '声明变量max存放最大值
   Dim row As Integer                     '声明变量row存放行号
   Dim Column As Integer                  '声明变量Column存放列号
   Dim a(4,4) As Integer                  '声明数组
   For i = 1 To 4
      For j = 1 To 4
         a(i,j) = Val(InputBox("请输入: "))   '数组赋值
         Print "a(" & i & "," & j & ")=" & a(i,j),   '显示数组
      Next j
      Print                               '换行
   Next i
   max = a(1,1): row = 1: Column = 1      '假设第1行第1列元素最大
   For i = 1 To 4
```

```
        For j = 1 To 4
            If a(i,j) > a(row,Column) Then          '求最大元素及行号列号
                max = a(i,j)
                row = i
                Column = j
            End If
        Next j
    Next i
    Print "最大元素是"; max                          '显示最大元素
    Print "在第" & row & "行,"; "第" & Column & "列"  '显示所在的行号列号
End Sub
```

④ 保存程序, 调试运行。

● 矩阵的转置:

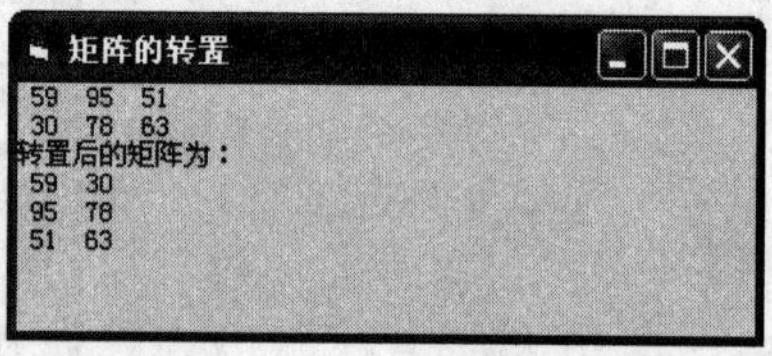

图 3-39 矩阵的转置

如图 3-39 所示, 随机产生 6 个 10 到 100 间的整数, 赋值给一个 2×3 的数组 (视其为一矩阵), 单击窗体并显示在窗体上, 求出其转置矩阵并显示。

解决步骤:

① 新建工程, 添加窗体 Form1。

② 设置窗体的属性, 其属性如表 3-32 所示。

表 3-32   图 3-39 窗体属性

对　　象	属　　性	属　性　值
窗体	Caption	矩阵的转置
	FontSize	五号

③ 编写事件过程代码。

根据任务要求, 单击窗体时显示, 所以应该编写窗体的单击 (Click) 事件过程代码。

```
Option Base 1                        '使数组的下标下界为1
Private Sub Form_Click()
    Dim i As Integer,j As Integer    '声明变量
    Dim a(2,3) As Integer            '声明数组
    Dim b(3,2) As Integer
    Randomize                        '随机语句
    For i = 1 To 2                   '产生矩阵且显示
        For j = 1 To 3
            a(i,j) = Int(Rnd * 90) + 10
            Print a(i,j);
        Next j
        Print
    Next i
    Print "转置后的矩阵为: "
    For j = 1 To 3                    '矩阵转置且显示
        For i = 1 To 2
            b(j,i) = a(i,j)
            Print b(j,i);
        Next i
        Print
    Next j
End Sub
```

④ 保存程序，调试运行。

● 利用二维数组输出一些数字图案：

如图 3-40 所示，随机产生 6 个 10～100 间的整数，赋值给一个 2×3 的数组（视其为一矩阵），单击窗体并显示在窗体上，求出其转置矩阵且显示。

图 3-40　数字图案

解决步骤：

① 新建工程，添加窗体 Form1。

② 设置窗体的属性，其属性如表 3-33 所示。

表 3-33　图 3-40 窗体属性

对　　象	属　　性	属 性 值
窗体	Caption	数字图案
	FontSize	五号

③ 编写事件过程代码。

根据任务要求，单击窗体时显示，所以应该编写窗体的单击（Click）事件过程代码。

```
Option Base 1                          '使数组的下标下界为1
Private Sub Form_Click()
  Dim i As Integer,j As Integer        '声明变量
  Dim sc(5,5) As Integer               '声明数组
   For i = 1 To 5                      '利用循环的嵌套给数组赋值
      For j = 1 To i
         sc(i,j) = i * 5 + j
         Print sc(i,j); " ";          '输出
      Next j
      Print
   Next i
End Sub
```

④ 保存程序，调试运行。

6. 拓展知识介绍

（1）多维数组

定义多维数组的格式如下：

Dim 数组名([<下界>] to <上界>，[<下界> to]<上界>，…) [As <数据类型>]。

例如：

```
Dim a(5,5,5) As  Integer               '声明a是三维数组
Dim b(2,6,10,5) As  Integer            '声明b是四维数组
```

其使用方法与二维数组相似。

（2）Array()函数

可以利用 Array()函数给数组赋值：

```
Dim a As Variant,b As Variant
Dim i As Integer
a = Array(1,2,3,4,5)                    'a数组有 5 个元素，数组上界为 4
b = Array("abc","def","67")            'b数组有 3 个元素，数组上界为 2
```

```
For i = 0 To UBound(a)
    Print a(i);
Next i
For i = 0 To UBound(b)
    Print b(i);
Next i
```

注　意

利用 Array()函数对数组元素赋值，声明的数组是可调数组或圆括号可省略的数组，并且其类型只能是变体型。

数组的下界为 0，上界由 Array()函数括号内的参数个数决定，也可通过 UBound 获得。

（3）LBound()和 UBound()函数

LBound()函数：返回一个数组中指定维的下界。

UBound()函数：返回一个数组中指定维的上界。

两个函数一起使用即可确定一个数组的大小。

其格式分别为：

```
LBound(数组[,维])
UBound(数组[,维])
```

对于一维数组来说，参数"维"可以省略。如果要测试多维数组，则"维"不可以省略。例如：

```
Dim a(1 To 100,0 To 50,-3 To 4)    '声明一个三维数组，下面语句确定其上、下界
Print LBound(a,1),UBound(a,1)
Print LBound(a,2),UBound(a,2)
Print LBound(a,3),UBound(a,3)
```

则输出结果为：

```
1              100
0              50
-3             4
```

（4）For Each...Next 语句

该语句类似于 For...Next 语句，两者都用来执行指定重复次数的一组操作，但 For Each...Next 语句专门用于数组或对象"集合"，其一般格式如下：

```
For Each 成员  In  数组
    循环体
    [Exit For]
    ...
Next [成员]
```

这里的"成员"是一个变体变量，它是为循环体提供的，并在 For Each...Next 结构中重复使用，它实际上代表的是数组中的每个元素。"数组"是一个数组名，没有括号和上下界。

用 For Each...Next 语句可以对数组元素进行处理，包括查询、显示或读取。它所重复执行的次数由数组中元素的个数确定，也就是说，数组中有多少元素，就自动重复执行多少次。例如：

```
Dim MyArray(1 to 5)
For Each x in MyArray
  Print x;
Next x
```

注 意

不能在 For Each…Next 语句中使用用户自定义类型数组。

（5）动态数组

动态数组以变量作下标量，在程序运行过程中完成定义。

● 建立动态数组的方法：在窗体层、标准层或过程中利用 Dim、Private、Public 语句声明
括号内为空的数组，然后在过程中用 ReDim 语句指明该数组的大小。语法如下：

```
ReDim  [Preserve]数组名(下标1[,下标2…])As  [类型]
```

其中下标可以是常量，也可以是带有确定值的变量，类型可以省略；若不省略，必须与 Dim
中的声明语句保持一致。例如：

```
Dim D()As Single
Sub Form_Load()
    …
ReDim D(4,6)
    …
End Sub
```

● 动态数组的应用举例。

例如：某单位开运动会，共有 10 人参加男子 100m 短跑，运动员成绩如下：

207 号	14.5s	077 号	15.1s
156 号	14.2s	231 号	14.7s
453 号	15.2s	276 号	13.9s
096 号	15.7s	122 号	13.7s
399 号	14.9s	302 号	14.5s

要求：单击窗体，按成绩排出名次，并按如下格式输出名次及成绩：

名次	运动员号	成绩
1	…	…
2	…	…
3	…	…
…	…	…
10	…	…

程序的运行效果如图 3-41 所示。

图 3-41 动态数组应用举例

解决步骤：

① 新建工程，添加窗体 Form1。

② 设置窗体的属性，其属性如表 3-34 所示。

表 3-34　图 3-41 窗体属性

对　　象	属　　性	属　性　值
窗体	Caption	动态数组
	FontSize	五号

③ 编写事件过程代码。

根据任务要求，单击窗体时显示，所以编写窗体的单击（Click）事件过程代码。

```
Option Base 1                            '使数组的下标下界为1
Private Sub Form_Click()
Dim M, X
'用 Array()函数给数组赋值
M = Array(207,156,453,96,339,77,231,176,122,302)
X = Array(14.5,14.2,15.1,15.7,14.7,15.1,14.7,13.9,13.7,14.5)
Print , "名次", "运动员号", "成绩"        '显示
 For i = 1 To 9                          '给数组排序
    For j = i + 1 To 10
      If X(i) > X(j) Then
        t = X(i)
        X(i) = X(j)
        X(j) = t
        t = M(i)
        M(i) = M(j)
        M(j) = t
      End If
    Next j
    Print,i,M(i),X(i)
 Next i
 Print,10,M(10),X(10)
End Sub
```

④ 保存程序，调试运行。

7. 实现排序的具体方法

提　示

算法思想：① 对有 n 个数的序列（存放在数组 a(n)中），从中选出最小（升序）或最大（降序）的数，与第 1 个数交换位置。

② 除第 1 个数外，在其余 n-1 个数中选最小或最大的数，与第 2 个数交换位置。

③ 依此类推，选择了 n-1 次后，这个数列已按升序或降序排列。

【任务实现】

任务实现步骤：

① 新建工程，添加窗体 Form1。

② 设置窗体的属性，其属性如表 3-35 所示。

表 3-35　图 3-41 窗体属性

对　　象	属　　性	属　性　值
窗体	Caption	Form1
	FontSize	五号

③ 编写事件过程代码。

根据任务要求，单击窗体时显示，所以应该编写窗体的单击（Click）事件过程代码。

```
Option Base 1                             '使数组的下标下界为 1
Private Sub Form_Click()
    Dim a(10) As Integer
    For i = 1 To 10                       '给数组赋值
        a(i) = Val(InputBox("请输入数据: "))
        Print a(i);
    Next i
    Print
    For i = 1 To 9                        '利用循环语句嵌套给数组排序
        p = i
        For j = i + 1 To 10
            If a(p) > a(j) Then p = j
        Next j
        temp = a(i)
        a(i) = a(p)
        a(p) = temp
    Next i
    For i = 1 To 10                       '输出
        Print a(i);
    Next i
End Sub
```

④ 保存程序，调试运行。

想一想

用冒泡法解决此排序应怎样实现？降序怎样排序？

3.7　过　　程

如图 3-42 所示，通过键盘输入 x 值及精度，计算某级数的部分和。

级数为：$1+x+\dfrac{x^2}{2!}+\cdots+\dfrac{x^n}{n!}+\cdots$

精度为：$\left|\dfrac{x^n}{n!}\right| < \text{eps}$

编写程序计算并在窗体上输出。

此问题即可以用循环语句解决，也可用自定义过程及函数过程来解决。过程为本节中要学习的内容。

1. 过程

过程是用来执行一个特定任务的一段程序代码。VB 应用程序（又称工程或项目）由若干过程组成，这些过程保存在文件中，每个文件的内容通常称为一个模块。

在程序设计过程中，将一些常用的功能编写成过程，可供多个不同的事件过程多次调用，从而可以减少重复编写代码的工作量，实现代码重用，使程序简练，便于调试和维护。

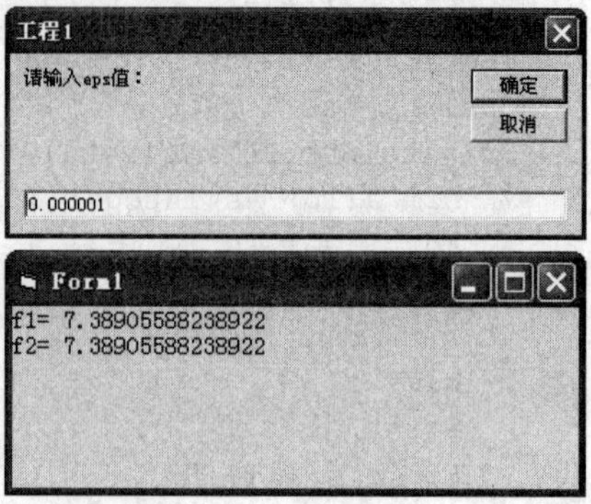

VB 中有两类过程，一类是系统提供的内部函数过程和事件过程，事件过程是构成应用程序的主体；另一类是用户根据自己需要定义，供事件过程多次调用的过程。

在 VB 6.0 中，用户自定义过程可分为：

- 以 "Sub" 保留字开始的为子过程。
- 以 "Function" 保留字开始的为函数过程。
- 以 "Property" 保留字开始的为属性过程。
- 以 "Event" 保留字开始的事件过程。

本节介绍用户自定义的子过程和函数过程。

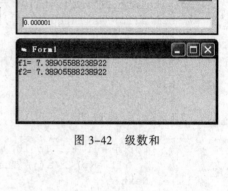

图 3-42　级数和

2. 建立自定义子过程

建立自定义子过程有两种方法：

（1）利用"工具"菜单下的"添加过程"命令定义

解决步骤：

① 执行"工程"菜单中的"添加模块"命令，打开"添加模块"对话框，在该对话框中单击"新建"按钮，然后双击"模块"图标，打开模块代码窗口。

② 执行"工具"菜单中的"添加过程"命令，打开"添加过程"对话框，如图 3-43 所示。

③ 在"名称"文本框中输入要建立的子过程名（例如，Tryput）

④ 在"类型"选项区域内选择要建立的过程的类型，选择子程序。

⑤ 在"范围"选项区域内选择子过程的适用范围，可以选择"公有的"或"私有的"单选按钮。如果选择"公有的"单选按钮，则建立的子过程用于本工程内的所有窗体模块；如果选择"私有的"单选按钮，则所建立的过程只能用于本标准模块。

⑥ 单击"确定"按钮，回到模块代码窗口，如图 3-44 所示。

此时可以在 Sub 和 End Sub 之间输入程序代码。

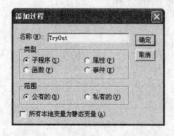

图 3-43　"添加过程"对话框

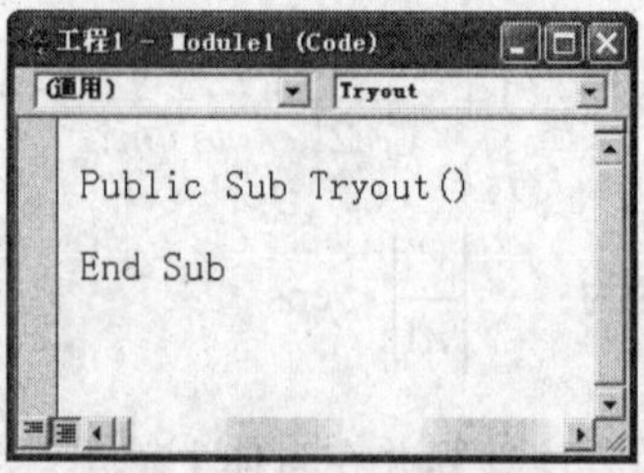

图 3-44　模块代码窗口

（2）利用代码窗口直接定义

在窗体或标准模块的代码窗口把插入点放在所有现有过程之外，输入 Sub 子过程名即可。定义一般形式如下：

```
[Static][Public|Private]Sub 子过程名 ([参数列表])
        [局部变量或常数定义]
        语句块
        [Exit Sub]
        [语句块]
End Sub
```

说明：

① Sub 过程以 Sub 开头，以 End Sub 结束，在 Sub 和 End Sub 之间是描述过程操作的词句块，称为"过程体"或"子程序体"。格式中各参量的含义如下：

- Static：指定过程中的局部变量在内存中的默认存储方式。如果使用了 Static，则过程中的局部变量就是"Static"型的，即在每次调用过程时，局部变量的值保持不变；如果省略"Static"，则局部变量默认为"自动"，即在每次调用过程时，局部变量被初始化为 0 或空字符串。Static 对在过程之外定义的变量没有影响，即使这些变量在过程中使用。

- Private：表示 Sub 过程是私有过程，只能被本模块中的其他过程访问，不能被其他模块中的过程访问。

- Public：表示 Sub 过程是公有过程，可以在程序的任何地方调用。各窗体通用过程一般在标准模块中用 Public 定义，在窗体层定义的通用过程通常在本窗体模块中使用，如果在其他窗体模块中使用，则应加上窗体名作为前缀。

- 子过程名：命名规则与变量名规则相同。子过程名不返回值，而是通过形参与实参的传递得到结果，调用时可返回多个值。

- 参数列表：含有在调用时传递给该过程的简单变量名或数组名，各名字之间用逗号隔开。"参数列表"指明了调用时传送给过程参数的类型和个数。

参数的定义形式为：

```
[ByVal|ByRef]变量名[( )][As 类型][,…]
```

ByVal 表示当该过程被调用时，参数是按值传递的；缺省或 ByRef 表示当该过程被调用时，参数是按地址传递的。

形式参数列表：形式参数通常简称"形参"，仅表示形参的类型、个数、位置，定义时是无值的，只有在过程被调用时，虚实参数结合后才获得相应的值。

过程可以无形式参数，但括号不能省略。

② Sub 过程不能嵌套。即在 Sub 过程内，不能再定义 Sub 过程或 Function 过程，不能用 GoTo 语句进入或转出一个 Sub 过程，只能通过调用执行 Sub 过程，而且可以嵌套调用。

③ [Private|Public]可缺省，系统默认为 Public。Static 如果不缺省则指定过程中的局部变量为"静态"变量。即每次调用此过程时，该过程中的局部变量的值保持在上一次调用值后。

例如：编写一个求自然数阶乘的子过程。

```
'子过程名为 jc，功能是求阶乘，求 n 的阶乘 j
Sub jc(n As Integer,j As Double)
    Dim i As Integer
    j = 1
    For i = 1 To n
```

```
        j = i * j
    Next i
 End Sub
```

3．调用子过程

要执行一个过程，必须调用该过程。

子过程的调用有两种方式，一种是利用 Call 语句加以调用，另一种是把过程名作为一个语句来直接调用。

（1）用 Call 语句调用 Sub 过程

格式：Call 过程名（[参数列表]）

例如：Call jc(a,b)

（2）把过程名作为一个语句来使用

格式：过程名 [参数列表]

与第一种调用方法相比，这种调用方式省略了关键字 Call，去掉了"参数表"的括号。

例如：jc a，b

（3）举例

如图 3-45 所示，调用上面的阶乘子过程，计算（10! +12! -11! ）的值。单击窗体显示。

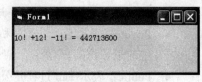

解决步骤：

① 新建工程，添加窗体 Form1。

② 设置窗体的属性，其属性如表 3-36 所示。

图 3-45　子过程举例

表 3-36　图 3-45 窗体属性

对　　象	属　　性	属 性 值
窗体	Caption	Form1
	FontSize	五号

③ 编写事件过程代码。

根据任务要求，单击窗体时显示，所以应该编写窗体的单击（Click）事件过程代码。

```
'子过程名为 jc，功能是求阶乘，求 n 的阶乘 j
Sub jc(n As Integer,j As Double)
    Dim i As Integer
    j = 1
    For i = 1 To n
        j = i * j
    Next i
 End Sub
Private Sub Form_Click()
    Dim j1 As Double                              '声明变量放阶乘
    Dim j2 As Double
    Dim j3 As Double
    Call jc(10,j1)                               '调用 jc 过程
    Call jc(11,j2)
    Call jc(12,j3)
    Print "10! + 12! - 11! ="; j1 + j3 - j2      '显示结果
End Sub
```

④ 保存程序，调试运行。

想一想

若用第二种格式调用此过程，程序应该怎样修改？

如图 3-46 所示，单击窗体在其上输出 1～100 之间的素数，用自定义过程编写判断一个数是否为素数。

解决步骤：

① 新建工程，添加窗体 Form1。

② 设置窗体的属性，其属性如表 3-37 所示。

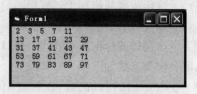

图 3-46 输出素数

表 3-37 图 3-46 窗体属性

对　象	属　性	属　性　值
窗体	Caption	Form1
	FontSize	五号

③ 编写事件过程代码。

根据任务要求，单击窗体时显示，所以应该编写窗体的单击（Click）事件过程代码。

```
Sub ss(a As Integer,p As Integer)        '子过程的功能是判断 a 是否是素数
Dim i As Integer,j As Integer
p = 0: i = 2: j = Int(Sqr(a))
Do While i< = j And p = 0
  If a Mod i = 0 Then
    p = a
  Else
    i = i + 1
  End If
Loop
End Sub
Private Sub Form_Click()
Dim i As Integer,p As Integer
For i = 2 To 100                         '判断 2 到 100 间的整数是否是素数
  Call ss(i,p)                           '调用子过程判断
If p = 0 Then                            '是素数则显示
  Print i;
  a = a + 1
If a Mod 5 = 0 Then Print                '每行显示 5 个
End If
Next i
End Sub
```

④ 保存程序，调试运行。

4．相关知识点归纳

（1）函数过程

函数过程是自定义过程的另一种形式。在 VB 中，提供了许多内部函数，如 Sin()、Sqr() 等。在编写程序时，只需写出函数名和相应的参数，就可得到函数值。另外，VB 还允许用户自己定

义函数过程。同内部函数一样，函数过程也有一个返回值。

（2）函数过程的建立

建立函数过程有两种方法：

① 利用"工具"菜单下的"添加过程"命令定义。

操作步骤与添加子过程相同，建立函数过程只需要把类型选为"函数"即可。

② 利用代码窗口直接定义

在窗体或标准模块的代码窗口把插入点放在所有的现有过程之外，输入 Function()函数名即可。定义形式如下：

```
[Static][Public|Private] Function  函数名([参数列表])[As 类型]
[局部变量或常数定义]
语句块
[Exit Function]
[语句块]
 函数名 = 表达式
End Function
```

说明：同自定义子过程。

（3）函数过程的调用

调用函数过程可以由函数名返回一个值给调用程序，被调用的函数必须作为表达式或表达式中的一部分，再与其他的语法成分一起配合使用。因此，与子过程的调用方式不同，函数不能作为单独的语句加以调用。

最简单的情况就是在赋值语句中调用函数过程，其形式为：

```
变量名 = 函数过程名([参数列表])
```

（4）举例

如图 3-47 所示，编写一个求阶乘的函数过程，调用它并求 10!，要求单击窗体显示值。

图 3-47　阶乘

解决步骤：

① 新建工程，添加窗体 Form1。

② 设置窗体的属性，其属性如表 3-38 示。

表 3-38　图 3-47 窗体属性

对　　象	属　　性	属　性　值
窗体	Caption	Form1
	FontSize	五号

③ 编写事件过程代码。

根据任务要求，单击窗体时显示，所以应该编写窗体的单击（Click）事件过程代码。

```
Function jc(n As Integer) As Double        '函数过程的功能是求 n 的阶乘
    Dim i As Integer
    jc = 1
    For i = 1 To n
        jc = jc * i
    Next i
End Function
Private Sub Form_Click()
```

```
    Dim j As Double
    j = jc(10)                          '调用
    Print "10!=";j                      '显示 10 的阶乘
End Sub
```

④ 保存程序，调试运行。

注 意

　　解决一个问题既可以使用子过程，也可以使用函数过程，选择使用子过程还是使用函数过程？如果是需要求得一个值，一般情况下使用函数过程，如果不是为了求一个值，而是完成一些操作，或需要返回多个值，则使用子过程比较方便。

　　子过程和函数过程最根本的区别在于：子过程无返回值，而函数过程有返回值。

---

5. 拓展知识介绍

（1）形式参数与实际参数

① 形式参数是指在定义通用过程时，出现在 Sub 或 Function 语句中的过程名后面圆括号内的参数，简称"形参"，是用来接收传送子过程的数据，形参表中的各个变量之间要用逗号分隔。

② 实际参数是指在调用 Sub 或 Function 过程时，写入子过程名或函数名后括号内的参数，简称"实参"，其作用是将它们的数据（数值或地址）传送给 Sub 或 Function 过程与其对应的形参变量。

实参可由常量、表达式、有效的变量名、数组名（后加左、右括号，如 A()）组成，实参表中各参数要用逗号分隔。

注 意

　　形参和实参的形式可以相同，也可以不同；但是形参和实参的类型、个数、位置必须相同。

（2）参数传递（虚实结合）

参数传递指调用过程的实参（调用时已有确定值和内存地址的参数）传递给被调用过程的形参，参数的传递有两种方式：按值传递（传值）、按地址传递（传址）。形参前加"ByVal"关键字的是按值传递，缺省或加"ByRef"关键字的为按地址传递。

① 传值的参数传递过程：当调用一个过程时，系统将实参的值复制给形参，之后实参与形参便断开联系。被调用过程对形参的操作是在形参自己的存储单元中进行，当过程调用结束时，这些形参所占用的存储单元也同时被释放。因此，在过程中对形参的任何操作都不会影响到实参。

② 传址的参数传递过程：当调用一个过程时，它将实参的地址传递给形参。因此在被调用过程体中对形参的任何操作都变成了对相应实参的操作，实参的值就会随形参的改变而改变。当参数是字符串或数组时，使用传址传递直接将实参的地址传递给过程，会使程序的效率提高。

注 意

　　在子过程和函数过程调用时，如果实参是常量（包括系统常量、用 Const 自定义的符号常量）或表达式，无论在定义时使用值传递还是地址传递，此时都是按值传递方式将常量或表达式计算的值传递给形参变量。

　　如果形参定义是按传地址方式，但调用时想使实参变量按值方式传递，可以把实参变量加上括号，将其转换成表达式即可。

例如：如图 3-48 所示，编写交换两个数的过程，Swap1 用传值传递，Swap2 用传址传递，哪个过程能真正实现两个的交换。单击窗体将结果显示在窗体上。

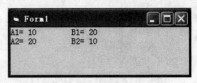

图 3-48　参数的传递

解决步骤：

① 新建工程，添加窗体 Form1。

② 设置窗体的属性，其属性如表 3-39 示。

表 3-39　图 3-48 窗体属性

对　　象	属　　性	属　性　值
窗体	Caption	Form1
	FontSize	五号

③ 编写事件过程代码：

根据任务要求，单击窗体时显示，所以应该编写窗体的单击（Click）事件过程代码。

```vb
'按值传递
Sub Swap1(ByVal x As Integer,ByVal y As Integer)
  Dim t As Integer
  t = x
  x = y
  y = t
End Sub
'按地址传递
Sub Swap2(x As Integer,y As Integer)
  Dim t As Integer
  t = x
  x = y
  y = t
End Sub
Private Sub Form_Click()
  Dim a As Integer,b As Integer
  a = 10: b = 20
  Swap1 a,b
  Print "A1=";a,"B1=";b                '显示按值传递时,是否交换
  a = 10: b = 20
  Swap2 a,b
  Print "A2=";a,"B2=";b                '显示按地址传递时,是否交换
End Sub
```

④ 保存程序，调试运行。

（3）递归过程

① 递归的概念：用自身的结构来描述自身就你为"递归"。典型的例子对阶乘的运算可作如下的定义：

$$N! = N*(N-1)!$$
$$(N-1)! = (N-1)*(N-2)$$

② 递归子过程和递归函数过程。

VB 允许一个子过程或函数过程在自定义的内部调用，这样的子过程或函数称为递归子过程或递归函数。

③ 举例：

a. 求 fac(n)=n!。

求自然数阶乘前面已经用 Sub 过程，用函数过程解决了问题，这里用递归函数过程来实现。只编写递归函数过程，调用同函数过程。

提 示

根据求 $N!$ 的定义：$N! = N*(N-1)!$，写成如下形式：

$$fac(n) = \begin{cases} 1, & n=0 \text{ 或 } n=1 \\ n*(fac(n-1)), & n>1 \end{cases}$$

```
Function fac(n As Integer) As Double
  If n = 0 Or n = 1 Then
    fac = 1
  Else
    fac = n * fac(n - 1)
  End If
End Function
```

b. 利用递归过程来实现求最大公约数。

如图 3-49 所示，编写求两个数最大公约数的递归过程，要求两个数由键盘输入。单击窗体将结果显示在窗体上。

图 3-49　求最大公约数

解决步骤：

- 新建工程，添加窗体 Form1。
- 设置窗体的属性，其属性如表 3-40 所示。

表 3-40　图 3-49 窗体属性

对　象	属　性	属 性 值
窗体	Caption	Form1
	FontSize	五号

- 编写事件过程代码。

根据任务要求，单击窗体时显示，所以应该编写窗体的单击（Click）事件过程代码。

```
Function gcd(m As Integer,n As Integer)      '函数过程求m、n两数的公约数
If (m Mod n) = 0 Then
  gcd = n
Else
gcd = gcd(n,m Mod n)
End If
End Function
Private Sub Form_Click()
Dim m As Integer
Dim n As Integer
m = Val(InputBox("请输入M:"))                 '输入M
n = Val(InputBox("请输入N:"))                 '输入N
Print m & "和" & n & "两个数的最大公约数:";gcd(m,n)   '调用过程，求最大公约数
End Sub
```

● 保存程序，调试运行。

6. 实现部分级数和的具体方法

现在来实现图 3-42 所示的部分级数和。

提 示

x 和精度 eps 由键盘输入，分别由函数过程和子过程实现求部分级数和，在函数的单击事件过程中调用。

【任务实现】

① 新建工程，添加窗体 Form1。

② 设置窗体的属性，其属性如表 3-41 所示。

表 3-41　图 3-42 窗体属性

对　　象	属　　性	属　性　值
窗体	Caption	Form1
	FontSize	五号

③ 编写事件过程代码。

根据任务要求，单击窗体时显示，所以应该编写窗体的单击（Click）事件过程代码。

```
'用函数过程实现求部分级数和
Function jishu1(x As Integer,eps As Double) As Double
  Dim n As Integer
  Dim s As Double
  Dim t As Double
  n = 1: s = 0: t = 1
  Do While Abs(t) >= eps
    s = s + t
    t = t * x / n
    n = n + 1
  Loop
  jishu1 = s
End Function
'用子过程实现求部分级数和
Sub jishu2(s As Double,x As Integer,eps As Double)
  Dim n As Integer
  Dim t As Double
  n = 1: s = 0: t = 1
   Do While Abs(t) >= eps
    s = s + t
    t = t * x / n
    n = n + 1
  Loop
End Sub
'主调程序调用函数过程和子过程
Private Sub Form_Click()
```

```
    Dim x As Integer
    Dim eps As Double
    Dim f1 As Double
    Dim f2 As Double
    x = Val(InputBox("请输入 x 的值"))
    eps = Val(InputBox("请输入 eps 的值"))
    f1 = jishu1(x,0.000001)
    Call jishu2(f2,x,0.000001)
    Print "f1=";f1
    Print "f2=";f2
End Sub
```

④ 保存程序，调试运行。

本 章 小 结

程序结构是程序设计语句的基本构成部分，与任何程序设计语言一样，VB 规定了数据类型、基本语句、函数、数组和过程。本章列举了程序设计语言中的常用算法。

本章主要介绍了 VB 语言中常量、变量、数据类型、运算符和表达式、内置函数的基本知识；条件判断语句、Select Case 控制语句、循环语句等典型控制语句；数组及相关操作，从数组类型、一维数组、二维数组及多维数组以及与数组操作有关的函数方面，全面地讲解了数组的使用方法，过程类型及基本操作、过程之间的参数传递、递归等知识。

通过本章的学习，可以根据函数、运算符和表达式解决实际问题；可以根据不同应用程序的需求选择语句；可以根据条件语句、循环语句及其组合设计应用程序；可以根据数组设计应用程序；还可以根据过程设计应用程序。为以后将要学习的设计打下基础。

实 战 训 练

一、选择题

1. 以下语句段的执行结果为（　　）。

```
x = 5
y = - 6
If Not x>0 Then x = y - 3 Else y = x + 3
Print x - y;y - x
```

　　A．–3 3 　　　　　　B．5 –9 　　　　　　C．3 –3 　　　　　　D．–6 5

2. 设有以下循环结构：

```
Do
   循环体
Loop While <条件>
```

则下列叙述中，错误的是（　　）。

　　A．若"条件"是一个为 0 的常数，则一次不执行循环体

　　B．"条件"可以是关系表达式、逻辑表达式或常数

　　C．循环体中可以使用 Exit Do 语句

　　D．如果"条件"总是为 True，则不停地执行循环体

3. 下列属于 Visual Basic 合法的数组元素是（　　）。

    A. x8   B. x_8 C. s(8)   D. v[8]

4. 设有声明语句

```
Dim b(-1 To 10,2 To 9,20) As Integer
```

    则数组 b 中全部元素的个数是（　　）。

    A. 2310   B. 2016   C. 1500   D. 1658

5. 下列描述中，正确的是（　　）。

    A. 过程的定义可以嵌套，但过程的调用不能嵌套

    B. 过程的定义不可以嵌套，但过程的调用可以嵌套

    C. 过程的定义和过程的调用都可以嵌套

    D. 过程的定义和过程的调用都不能嵌套

6. Sub 过程与 Function 过程最根本的区别是（　　）。

    A. Sub 过程可以用 Call 语句直接使用过程名调用，而 Function 过程不可以

    B. Function 过程可以有形参，Sub 过程不可以

    C. 如果缺省形参，Sub 过程不能返回值，而 Function 过程能返回值

    D. 两种过程参数的传递方式不同

二、填空题

1. 程序的三种基本控制结构是＿＿＿＿、＿＿＿＿和＿＿＿＿。

2. 执行下面的语句段后，s 的值为＿＿＿＿。

```
s = 5
For i = 2.6 To 4.9 Step 0.6
    s = s + 1
Next i
Print s
```

3. 对于多维数组，最多可以有＿＿＿＿维。

4. 在一般情况下，数组下标的下界默认为 0。如果希望下标从 1 开始，可以通过＿＿＿＿语句来设置。

5. 若在应用程序中用 Private Function Fun1(X As Integer, Y As Integer)定义函数过程 Fun1，则函数 Fun1()的返回值是＿＿＿＿类型。

三、操作题

1. 如图 3-50 所示。新建一个工程，通过键盘输入半径，计算圆的面积、周长、球的表面积以及球的体积。要求使用 Inputbox()函数输入数据，单击窗体时显示所有计算结果。

> **提　示**
>
> 使用 Inputbox()函数输入数据，利用运算符和表达式计算，结果在窗体上显示，通过窗体的 Click 事件实现相应运行控制。

2. 如图 3-51 所示。编制程序完成计算并输出某个学生奖学金的等级。以语文 a、数学 b、英语 c 三门课程的成绩为评奖依据，奖学金分为一、二、三等，其评奖标准如下：

（1）一等奖，应符合下列条件之一：

① 三门课程总分在 285 分以上者。

② 有两门课程成绩是 100 分，且第三门课程成绩不低于 80 分者。

（2）二等奖，应符合下列条件之一：

① 三门课程总分在 270 分以上者。

② 有一门课程成绩是 100 分，且其他课程成绩均不低于 75 分者。

（3）各门课程成绩均不低于 70 分者，可获三等奖。

说明：符合条件者就高不就低，只能获得较高项的奖学金。

要求使用 Inputbox() 函数输入数据，单击窗体时显示获奖结果。

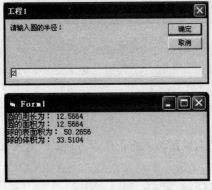

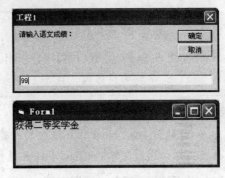

图 3-50　圆面积周长的计算　　　　　　　　　　图 3-51　评奖等级

提 示

使用 Inputbox() 函数输入数据，利用多情况语句或多分支语句编程，结果在窗体上显示；通过窗体的 Click 事件实现相应运行控制。

---

3. 如图 3-52 所示。给定三角形 3 条边长，计算三角形的面积。要求：编写程序首先判断输入的 3 条边的值是否能构成三角形，如可以构成，则计算并输出该三角形的面积；否则要求重新输入。当输入为-1 时结束程序运行，单击窗体时显示计算结果。

提 示

使用 Inputbox() 函数输入三边，利用函数、运算符和表达式计算及用条件语句编程。结果在窗体上显示，通过窗体的 Click 事件实现相应运行控制。

---

4. 如图 3-53 所示。税务部门征收所得税，规定如下：

（1）收入在 2 000 元以下，免征所得税。

（2）收入在 2000～4000 元内，超过 2000 元的部分纳税 3%。

（3）收入超过 4000 元的部分，纳税 4%。

（4）当收入超过 5000 元时，将 4% 税金改为 5%。

编写程序，实现上述操作。单击窗体时显示计算结果。

提 示

使用 Inputbox() 函数输入数据，利用多情况语句或多分支语句编程，结果在窗体上显示，通过窗体的 Click 事件实现相应运行控制。

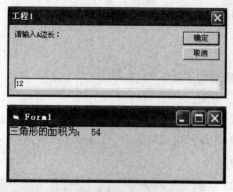

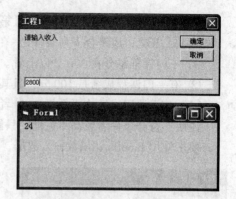

图 3-52　三角形面积　　　　　　　　　　　　图 3-53　个人所得税

5. 如图 3-54 所示。编写程序，求出 30 之内的所有勾股弦数。（勾股弦数满足：$a^2+b^2=c^2$，a、b、c 均为自然数，且 a<c，b>c），单击窗体时显示结果。

提　示

该题用 For…Next 循环语句的嵌套求 100 以内的勾股弦数，用条件语句判断，结果在窗体上显示，通过窗体的 Click 事件实现相应运行控制。

6. 如图 3-55 所示。编写程序，单击窗体时显示"数字金字塔"。

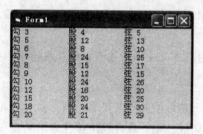

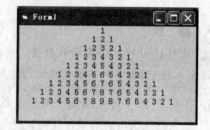

图 3-54　输出勾股数　　　　　　　　　　　图 3-55　数字金字塔

提　示

该题用 For…Next 循环语句的嵌套编程，结果在窗体上显示，通过窗体的 Click 事件实现相应运行控制。

7. 如图 3-56 所示。一个两位的正整数，如果将它的个位数字与十位数字对调，则产生另一个正整数，我们把后者称为前者的对调数。现给定一个两位的正数，请找到另一个两位的正整数，使得这两个两位正整数之和等于它们的对调数之和。例如，12+32＝23+21。编写程序，把具有这种特征的一对两位正整数找出来。下面是其中的一组结果：

56+（10）=（1）+65　　　56+（65）=（56）+65

56+（21）=（12）+65　　　56+（76）=（67）+65

56+（32）=（23）+65　　　56+（87）=（78）+65

56+（43）=（34）+65　　　56+（98）=（89）+65

56+（54）=（45）+65。

编写程序，单击窗体时显示"对调数"。

> **提 示**
>
> 该题利用计算机速度快的特点，找出已知两位正整数的对调数，用 For...Next 循环语句的嵌套编程，结果在窗体上显示，通过窗体的 Click 事件实现相应运行控制。

8. 如图 3-57 所示。通过键盘输入两个自然数 *M* 和 *N*，编写程序计算它们的最大公约数和最小公倍数并在窗体上输出。

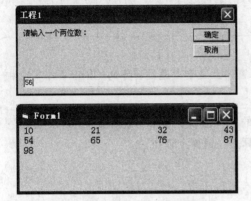

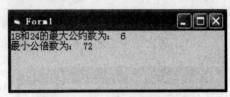

图 3-56　显示对调数　　　　　　　　图 3-57　最大约数和最小公倍数

> **提 示**
>
> 最大公约数和最小公倍数的算法思想：(1)对已知数 *m*、*n* 使 *m>n*；(2)*m* 除以 *n* 得余数 *r*；(3)若 *r=0* 则 *m* 为最大公约数，算法结束；否则执行(4)；(4)把 *n* 赋值给 *m*，*r* 赋值给 *n*，再重复(2)；(5)最小公倍数是原两数的乘积除以最大公约数。该题用 Do...While 循环语句编程。结果在窗体上显示，通过窗体的 Click 事件实现相应运行控制。

9. 如图 3-58 所示。我国古代数学家张丘建在其著名的《算经》中提出了百鸡问题：每只公鸡 5 元，每只母鸡 3 元，三只雏鸡 1 元；如何用 100 元钱买 100 只鸡，即公鸡、母鸡、雏鸡各多少只。编写程序计算并在窗体上输出。

> **提 示**
>
> 该题用百钱买百鸡，利用计算机速度快的特点，找出满足条件的买的方法，用 For...Next 循环语句的嵌套编程。结果在窗体上显示，通过窗体的 Click 事件实现相应运行控制。

10. 编写程序计算 $\sum\limits_{n=1}^{10} n!$ 。

编写程序，单击窗体时显示计算结果，如图 3-59 所示。

> **提 示**
>
> 该题利用 For...Next 循环语句的编程，结果在窗体上显示，通过窗体的 Click 事件实现相应运行控制。

图 3-58 百钱买百鸡   图 3-59 阶乘和

11. 如图 3-60 所示，通过键盘输入字符，对输入的字符进行计数，当输入的字符为"？"时，停止计数，并在窗体上输出结果。

> **提 示**
>
> 该题用 While…Wend 循环语句编程，结果在窗体上显示，通过窗体的 Click 事件实现相应运行控制。

12. 如图 3-61 所示，求斐波那契数列前二十项的和，已知斐波那契数列第 1、第 2 项都是 1，其余每项是前两项之和。编写程序、计算并在窗体上输出。

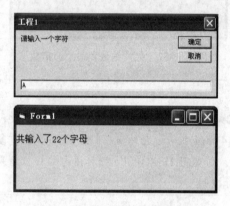

图 3-60 统计字符出现的次数   图 3-61 斐波那契数列前二十项的和

> **提 示**
>
> 该题用 For…Next 循环语句编程，结果在窗体上显示，通过窗体的 Click 事件实现相应运行控制。

13. 如图 3-62 所示，编写程序求自然对数 e 的近似值，要求其误差小于 0.00001。

$e = 1 + \dfrac{1}{1!} + \dfrac{1}{2!} + ... + \dfrac{1}{n!} + ...$。编写程序计算并在窗体上输出。

> **提 示**
>
> 该题用 Do…While 循环语句编程，结果在窗体上显示，通过窗体的 Click 事件实现相应运行控制。

14. 如图 3-63 所示。求当 $\dfrac{1}{n^2} > 0.00001$ 时，$1 + \dfrac{1}{2^2} + \dfrac{1}{3^2} + \dfrac{1}{4^2} + ... + \dfrac{1}{n^2}$ 的值。编写程序计算并在窗体上输出。

图 3-62　自然对数 e 的值

图 3-63　整数的平方倒数和

> **提　示**
>
> 该题用 Do…While 循环语句编程，结果在窗体上显示，通过窗体的 Click 事件实现相应运行控制。

15. 如图 3-64 所示。通过键盘输入 x 值及精度，计算某级数部分和。

级数为：$1+x+\dfrac{x^2}{2!}+\ldots+\dfrac{x^n}{n!}+\ldots$；精度为：$\left|\dfrac{x^n}{n!}\right|<\text{eps}$。编写程序计算并在窗体上输出。

图 3-64　级数和

> **提　示**
>
> 该题用 Do…While 循环语句编程，结果在窗体上显示，通过窗体的 Click 事件实现相应运行控制。

16. 如图 3-65 所示，随机产生 100 个数，并赋值给一维数组且以每行输出 10 个数的格式输出在窗体上，单击窗体显示。

> **提　示**
>
> 该题用 For…Next 循环语句给数组进行随机数赋值。结果在窗体上显示，通过窗体的 Click 事件实现相应运行控制。

17. 如图 3-66 所示，设有如下两个数组：
　　A：2、8、7、6、4、28、70、25
　　B：79、27、32、41、57、66、78、80

编写程序，将上面的数据分别读入两个数组中，然后把两个数组中对应下标的元素相加，即 2+79，8+27，…，25+80，并把相应的结果放入第三个数组中，最后单击窗体在窗体上输出三个数组的值。

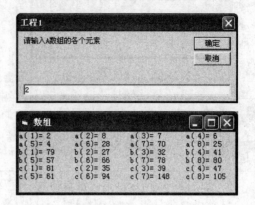

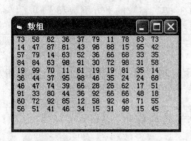

图 3-65　输出 100 个数　　　　　　　　　　　　图 3-66　数组合并

 提　示

该题先用 InputBox()函数将两组数据分别赋值给数组 a 和 b，然后用 For…Next 循环语句将数组 a、b 对应相加并赋值给数组 c，再输出。结果在窗体上显示，通过窗体的 Click 事件实现相应运行控制。

18. 如图 3-67 所示，编写程序，要求单窗体输出"杨辉三角形"，输出共 11 行的杨辉三角形。

 提　示

分析图 3-67，可以找出其规律：对角线和每行的第一列均为 1，其余各项是它的上一行中同一列元素和其前面一个元素之和。例如，第四行第三列的值为 3，它是第三行第二列与第三列元素值之和，可以一般地表示为：a(I,j)=a(i-1,j-1)+a(i-1,j)。编程先给第一列数组赋值，再依据上述一般形式给数组中的其余元素赋值，最后输出。结果在窗体上显示，通过窗体的 Click 事件实现相应运行控制。

19. 如图 3-68 所示，编写一个过程，以整型数作为形参。当该参数为奇数时输出 False，当该参数为偶数时输出 True。单击窗体显示。

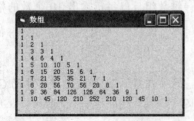

图 3-67　杨辉三角形　　　　　　　　　　　图 3-68　用函数过程判断整数的奇偶性

 提　示

该题用函数过程判断整数的奇偶性。结果在窗体上显示，通过窗体的 Click 事件实现相应运行控制。

20. 如图 3-69 所示，有 5 个人坐在一起，问第 5 个人多少岁？如果比第 4 个人大 2 岁，问第 4 个人多少岁？如果比第 3 个人大 2 岁，问第 3 个人多少岁？如果比第 2 个人大 2 岁，问第 2 个人多少岁？如果比第 1 个人大 2 岁，问第 1 个人多少岁？如果 8 岁。问第 5 个人多大岁数？试用一个函数来描述上述的递归过程。单击窗体显示。

提 示

该题用函数的递归过程实现。结果在窗体上显示，通过窗体的 Click 事件实现相应运行控制。

21. 如图 3-70 所示。编制子程序验证哥德巴赫猜想：一个不小于 6 的偶数可以表示为两个素数之和，如 6=3+3。单击窗体显示。

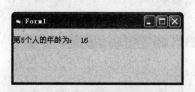

图 3-69　年龄程序　　　　　　　　　　　图 3-70　验证哥德巴赫猜想

提 示

该题判定方法：假设有一个偶数 n，将它表示为两个整数 a 和 b 的和，即 n=a+b。如果 n=10，先令 a=2，判断 2 是否是素数，结果检查 2 是素数，由于 b=n-a，故 b=8，经检查 8 不是素数，则这一组合（10=2+8）不合要求；再使 a 加 1，即 a=3，经检查 3 是素数，b=n-a=7，经检查 7 也是素数，则这一组合（10=3+7）符合要求。由于需要多次检查一个整数是否是素数，把判断是否是素数这一过程编写为一个子过程。结果在窗体上显示，通过窗体的 Click 事件实现相应运行控制。

22. 如图 3-71 所示。设 a 为一整数，如果能使 $a^2=xxa$，则称 a 为守形数。如 $5^2=25$、$25^2=625$，则 5 和 25 都是守形数。试编写一个 Function 过程 Automorphic，其形参为一个正整数，判断其是否是守形数，然后用该过程查找 1～1000 内的守形数。单击窗体显示。

提 示

该题用函数过程判断一个数是否是守形数，然后再调用该函数过程循环判断 1 到 1000 间的任何数是否是守形数。结果在窗体上显示，通过窗体的 Click 事件实现相应运行控制。

23. 如图 3-72 所示。编写一个过程，用来计算并输出：1+1/2+1/3+…+1/100 的值。单击窗体显示。

提 示

该题用函数过程求整数的倒数和，再调用函数过程，求 1 到 100 的倒数和。结果在窗体上显示，通过窗体的 Click 事件实现相应运行控制。

图 3-71　守形数　　　　　　　　　　　　　　图 3-72　倒数和

24. 如图 3-73 所示，编写过程，用下面的公式计算 $\pi/4$ 的近似值。

$$\pi/4=1-1/3+1/5-1/7+\cdots+(-1)^{n-1}1/(2n-1)$$

在窗体的单击事件过程调用该过程，并输出当 n=100、500、1000、5000 时 π 的值，单击窗体显示。

提　示

该题用函数过程求 $\pi/4$，再调用函数过程，求 n 为不同值时 π 的值。结果在窗体上显示，通过窗体的 Click 事件实现相应运行控制。

---

25. 如图 3-74 所示，编写八进制数转换为等值的十进制数的程序。用 ReadOctal 过程单击窗体显示。

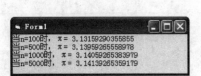

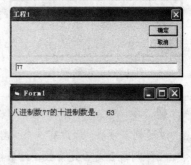

图 3-73　求 π 的值　　　　　　　　　　　　图 3-74　八进制数和十进制间的转换

提　示

该题用函数过程实现八进制数转换成十进制数的功能。结果在窗体上显示，通过窗体的 Click 事件实现相应运行控制。

第④章
常用控件——设计一般用户界面

学习目标：

- 进行常用控件的属性设置与使用
- 掌握常用控件的常用事件、方法的使用
- 掌握常用的鼠标、键盘事件的含义和使用方法

能力目标：

- 根据不同需求设置控件属性的能力
- 编写常用事件过程程序代码的能力
- 设计一般用户界面的能力

4.1　如何实现用户界面

在第 2 章中，我们学习掌握窗体属性的设置方法和窗体事件及方法的使用。但是，很显然设计完成的界面是不能实现输入数据、接受用户命令等人机对话操作功能的，而且在实际应用中，以窗体为基础的用户界面包含丰富的内容。如在图书馆管理系统中需要对读者的相关信息进行录入，即读者编号、姓名、性别、单位、联系方式、允许借书数量等信息。

【任务描述】如图 4-1 所示，建立一个工程，窗体上有提示输入信息内容的标签，有用于填写信息内容的文本框，有简化输入工作量进行性别选择的组合框，还有可以将读者信息进行保存或重新填写甚至放弃填写的命令按钮等。程序运行后，要求单击添加按钮时将文本框、组合框中的内容添加到列表框，单击删除按钮时删除列表框中选中的内容，清空全部删除列表框的内容。因此仅具备窗体知识是不能完成读者信息录入功能的，那么怎样设计才能实现这样的用户界面？本章就来学习这方面的知识。

【任务效果】图 4-1 是读者信息录入界面的效果图，从中可以看出，其中包含 VB 的五种常用控件：命令按钮、标签、文本框、组合框和列表框，要实现读者信息录入界面须先掌握这些控件的功能和使用方法。

【**任务实现**】实现图 4-1 所示的读者信息录入界面。

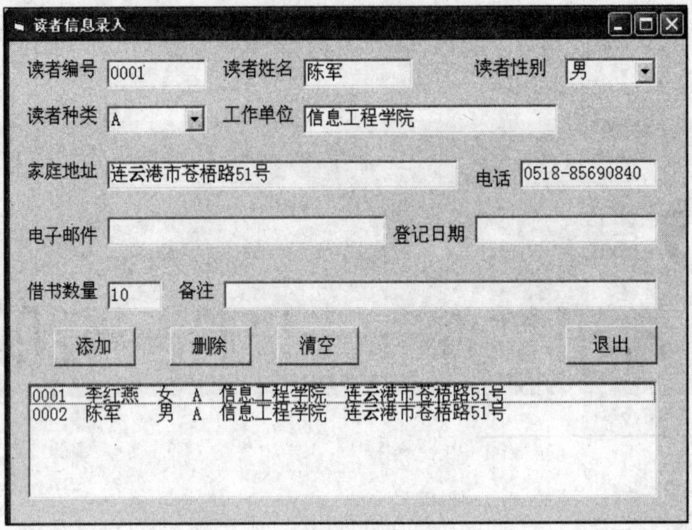

图 4-1 读者信息录入界面

4.2 命 令 按 钮

1. 命令按钮

在图 4-1 中，如果希望将列表框现有的内容全部删除，即"清空"列表框，这时就需要向应用程序发出"清空"列表框内容的命令。那么应该如何使应用程序接受命令，让应用程序根据设置的指令去启动，中断或结束某个功能的运行？一般完成这个任务所用的是命令按钮——CommandButton 控件。

2. 命令按钮的作用

命令按钮（CommandButton）的主要作用是接受用户输入的命令、激发某些事件。输入命令的方式有以下三种：① 鼠标单击该按钮；② 按【Tab】键使焦点跳转到该按钮，再按【Enter】键；③ 快捷键（Alt+有下画线的字母）。

当用户选中命令按钮时，应执行相应的操作。因此要求在设计时，不仅要设置命令按钮的标题、样式、外形等静态属性，还要根据需求设计相应的事件过程。

3. 使用命令按钮

如图 4-2 所示的窗体中有两个命令按钮："显示"（控件名称为 CmdDisplay）和"测试"（控件名称为 CmdTest），当单击"测试"按钮时，执行事件的功能：在窗体中出现消息框并单击其中的"确定"按钮时，隐藏"显示"按钮；否则退出程序运行。这样一个简单的测试功能应该如何实现？

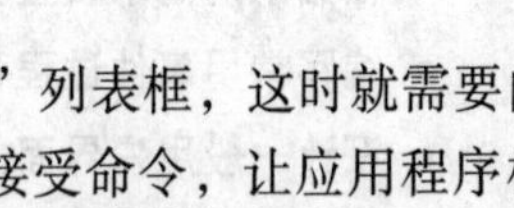

图 4-2 命令按钮

4. 实现命令按钮功能

① 新建工程，添加窗体 Form1。

② 在窗体 Form1 中添加两个命令按钮：Command1 和 Command2，添加的步骤如下：

a. 单击工具箱中的命令按钮图标（该图标将反相显示）；

b. 把鼠标指针移到窗体上，此时鼠标指针变为"+"号；

c. 把"+"号移到窗体的适当位置，按下鼠标左键，在窗体上画出适当大小的矩形框，矩形框中将显示此命令按钮的默认标题（Caption）"Command1"，其默认名称也为"Command1"。

添加第 2 个命令按钮 Command2 的步骤与上述相同。

③ 设置命令按钮 Command1 和 Command2 的属性值。

在图 4-2 中两个命令按钮显示的内容分别为"显示"和"测试"，字体为宋体、字号为小四。命令按钮的常用属性中，Caption 是用于设置命令按钮显示内容的标题属性，Font 属性是用于设置命令按钮标题的字体和字号的。因此，命令按钮 Command1 和 Command2 的属性值设置如表 4-1 所示。

表 4-1　图 4-2 窗体控件属性

控　件	属　性	属　性　值
命令按钮	名称	CmdDisplay
	Caption	显示
	Font	宋体（小四）
命令按钮	名称	CmdTest
	Caption	测试
	Font	宋体（小四）

④ 编写事件过程代码。

根据任务要求，是在单击"测试"按钮时执行相应的功能，所以应该编写"测试"按钮的单击（Click）事件过程代码。

```
Private Sub Cmdtest_Click()
    Answer = Msgbox("确定",1)          '使用消息框向用户传送消息并等待用户选择
    If Answer = vbOK Then             '当用户选择消息框"确定"按钮时
        Cmddisplay.Visible = False    '隐藏"显示"按钮（CmdDisplay）
    Else
        End                           '否则退出程序运行
    End If
End Sub
```

⑤ 保存程序，调试运行。

5. 相关知识点归纳

（1）在窗体中添加控件的方法

在窗体中添加其他控件的方法步骤与命令按钮相同。

（2）命令按钮的属性

命令按钮的基本属性有：Name、Height、Width、Top、Left、Enabled、Visible、Font 等，与窗体相应属性的使用方法相同。

命令按钮的常用属性有如下几个：

- Caption：标题属性——命令按钮显示的内容，可在某字母前加"&"设置快捷键。例如，&Ok,显示 Ok

- Default：确认属性（逻辑值），设置为 True 时，按【Enter】键相当于用鼠标单击该按钮。

> **注　意**
> 在一个窗体中只能有一个命令按钮的 Default 属性设置为 True。

- Cancel：取消功能属性（逻辑值），当设置为 True 时，程序运行时按【Esc】键与单击此命令按钮的效果相同。

> **注　意**
> 在一个窗体中只能有一个命令按钮的 Cancel 属性设置为 True。

- Value：检查命令按钮是否按下（逻辑值），该属性在设计时无效。
- Picture：命令按钮可显示图片文件（.bmp 和.ico），只有当 Style 属性值设为 1 时有效。
- Style：确定命令按钮显示的形式。
  0 —— 只能显示文字
  1 —— 文字、图形均可。
- ToolTipText：设置工具提示，和 Picture 结合使用。

（3）命令按钮的事件
- 单击、双击事件：Click、DblClick。
- 鼠标事件：MouseDown、MouseMove、MouseUp。

6. 拓展知识介绍

（1）同时选择多个控件的方法

按住【Shift】（或【Ctrl】）键的同时单击每个要选择的控件，或把鼠标移到窗体上适当的位置（没有控件的地方），然后拖动鼠标，画出一个虚线矩形框，该矩形框内的控件即被选择。

（2）对齐多个控件的方法

选定要对齐的一组控件，选择"格式"|"对齐"菜单命令下的控件"对齐"选项（未选定控件时，该选项不可用）。

（3）统一多个控件大小的方法

选定要调整大小的一组控件，选择"格式"|"统一尺寸"菜单命令下的对齐选项（未选定控件时，该选项不可用）。

（4）MsgBox——消息框

Msgbox()函数的功能是产生一个消息框，向用户传送消息并等待用户选择消息框中的按钮，然后根据选择确定其后的操作。其返回值是一个与用户所选按钮相对应的整数。其语法格式为：

```
变量 = MsgBox(提示内容,[,按钮数值][,标题])
```

其中：提示内容不可省略，为字符表达式，即显示在对话框中的信息；按钮数值为可选项，是整型表达式，默认值为 0，指定消息框中按钮数目、类型、图标类型、默认按钮等；标题亦为可选项，是在对话框标题栏中显示的内容，省略此项，则将应用程序名放在标题栏中。例如，a=MsgBox（"密码错"，21，"密码核对"），执行该语句后，屏幕上显示的结果如图 4-3 所示。

图 4-3　消息框

本例"按钮数值"是 21，其含义：消息框中有"×"图标，"重试"及"取消"两个按钮，默认是"重试"按钮。当用户单击消息框中的一个按钮后，消息框即从屏幕上消失。

在程序中，一般把"按钮数值"写成符号常数相加的形式，如把 21 写成 VbRetry Cancel+vbCritical+vbDefaultButton1，这样可使程序含义清楚，从而增加程序的可读性。当然，把 21 写成 5+16+0 也是允许的。

MsgBox()函数的返回值是根据用户单击哪个按钮而定的，如表 4-2 所示。

表 4-2 Msgbox()函数的返回值

符 号 常 数	值	用户单击的按钮
Vbok	1	确定
VBCancel	2	取消
VBAbort	3	放弃
Vbretry	4	重试
VbIgnore	5	忽略
VbYes	6	是
VbNo	7	否

MsgBox()也可以写成语句形式，例如：

`MsgBox "密码错","密码核对"`

执行此语句也产生一个消息框，如图 4-4 所示。

MsgBox 语句没有返回值，因此常用于比较简单的信息提示。

图 4-4　密码核对

4.3　标　　签

1．标签

在图 4-1 中，要将读者的相关信息输入到系统中去，就必须清楚每一个文本框中应该填写的内容是什么，也就是说需要有提示输入信息内容的相关说明；此时我们就可以使用标签控件（Label）来完成。

2．标签控件的作用

标签控件（Label）通常用于显示文本（输出）信息，不能作为输入信息的界面，即其显示的文本用户是不能编辑的。所以，标签常用来标注一些本身不具有 Caption 属性的控件（如文本框、组合框、列表框控件等），以说明这些控件在程序中的作用，有时标签也用于显示一些不希望用户修改的文字说明信息。

3．使用标签控件

如图 4-5 所示的窗体中有 1 个标签控件、1 个命令按钮。程序运行后，标签显示信息：宋体、粗斜体、小四号，单击"退出"按钮，退出程序运行。这是一个简单的标签控件应用问题，现在来实现其功能。

图 4-5　标签显示

4．实现标签控件功能

① 新建工程，添加窗体 Form1。

② 在窗体 Form1 中添加 1 个标签 Label1 和 1 个命令按钮 Command1。

③ 设置标签 Label1 和命令按钮 Command1 的属性值。

在图 4–5 中标签显示的信息：宋体、粗斜体、小四号，字体为宋体、粗斜体，字号为小四；命令按钮显示的内容为"退出"，其字体和字号与标签相同。标签的常用属性中，Caption 属性用于设置标签显示的文本信息，Font 属性用于设置标签文本的字体和字号。因此，标签 Label1 和命令按钮 Command1 的属性值设置如表 4–3 所示。

表 4-3 图 4-5 控件属性

控 件	属 性	属 性 值
标签	名称	Label1
	Caption	宋体 粗斜体 小四号
	Font	宋体（粗斜体、小四）
	Alignment	0（左对齐）
	BackStyle	1（背景不透明）
命令按钮	名称	Command1
	Caption	退出
	Font	宋体（粗斜体、小四）

④ 编写事件过程代码。

根据任务要求，程序运行后，显示标签的文本信息，在单击"退出"按钮时退出程序运行，所以仅编写"退出"按钮的单击（Click）事件过程代码即可。

```
Private Sub Command1_Click()
    Unlaod Me                    '关闭窗体
End Sub
```

⑤ 保存程序，调试运行。

5. 相关知识点归纳

标签的基本属性有：Name、Height、Width、Top、Left、Enabled、Visible、Font、ForeColor、BackColor 等。

标签的常用属性如下：

- Caption：标题属性，用来改变 Label 控件中显示的文本。Caption 属性允许文本的长度最多为 1 024 字节。默认情况下，当文本超过控件宽度时，文本会自动换行，而当文本超过控件高度时，超出部分将被裁剪掉。

- Alignment：用于设置标签中文本的对齐方式。共有三种可选值：

  0 — Left Justify 左对齐。

  1 — Right Justify 右对齐。

  2 — Center 居中对齐。

- BackStyle：用于确定标签的背景是否透明。有两种情况可选：

  0 — Transparent 表示背景透明，即标签后的背景和图形可见。

  1 — Opaque 表示背景不透明，即标签后的背景和图形不可见。

- AutoSize：确定标签是否会随标题内容的多少自动变化。如果值为 True，则随 Caption 内容的大小自动调整控件本身的大小，且不换行；如果值为 False，表示标签的尺寸不能自动调整，超出尺寸范围的内容不予显示。

● WordWrap：该属性值为 True 时，标签会根据其 Caption 属性的内容自动换行并垂直扩充（宽度不变）。

注　意

要想使标签控件的 WordWrap 属性起作用，必须将其 AutoSize 属性的值设置为 True。

4.4 文　本　框

1. 文本框

我们已经知道标签是显示文本信息的控件，但它不能作为输入信息的界面，即其显示的文本用户是不能编辑的。而要将读者的编号、姓名、家庭住址等信息输入到计算机中，在界面中就必须有允许用户编辑的区域（即控件）——文本框（TextBox）。

2. 文本框的作用

文本框（TextBox）是一个文本编辑区域，是 Windows 用户接口中最常用的元素之一，可在该区域显示文本内容或接受用户的输入和编辑等操作。

3. 使用文本框

如果希望在用户输入信息的过程中，系统能够自动将用户输入的字母全部转换为大写进行显示，如图 4-6 所示。此时需要对文本框进行操作，即要实现文本框字符串中的字母转化为大写字母的功能。

图 4-6　文本框显示

4. 实现文本框功能

① 新建工程，添加窗体 Form1。

② 在窗体 Form1 中添加 1 个文本框 Text1。

③ 设置文本框 Text1 的属性值。

在图 4-6 中文本框可以多行显示文本且当文本长度超过文本框宽度时自动换行，同时考虑到文本的内容可能比较多，为文本框添加垂直滚动条。多行显示是通过文本框的 MultiLine 属性进行设置的，ScrollBars 属性则是用于为文本框添加滚动条进行设置的，如表 4-4 所示。

表 4-4　图 4-6 控件属性

控　件	属　性	属　性　值
文本框	名称	Text1
	Text	
	MultiLine	Ture（自动换行）
	ScrollBars	2-Vertical（垂直滚动条）

④ 编写事件过程代码。

根据任务要求，程序运行时，能够自动将用户输入的字母全部转换为大写显示，也就是说，每当用户向文本框输入一个字符时，系统就应该进行检验并将其转换为大写字母。此功能是通过文本框的 Change 事件来完成的。

```
Private Sub Text1_Change()
    Text1.Selstart=Len(Text1.Text)        '将插入点光标放到文本的最后一个字符之后
    Text1.Text=Ucase(Text1.Text)          '将 Text1 中的小写字母转换为大写
End Sub
```

⑤ 保存程序，调试运行。

5．相关知识点归纳

（1）文本框的属性

文本框的基本属性有：Name、Height、Width、Top、Left、Enabled、Visible、Font、ForeColor、BackColor 等。

文本框的常用属性有：

- Text：显示文本框中的文本内容。当程序运行时，用户通过键盘输入/修改文本内容，保存在 Text 属性中。

注 意

与命令按钮和标签不同，文本框没有 Caption 属性，其显示的文本信息是存放在 Text 属性中的。

- Maxlength：设置文本框可输入的最多字符个数。当输入的字符数超过 Maxlength 设定的数值后，系统将不再接收超出部分的字符，并发出嘟嘟声作为提示。设为 0（默认值）时，表示没有特别限制。
- MultiLine：设置文本框是否能以多行方式显示文本。
  - ▲ False：默认值，文本框只能以单行方式显示文本。
  - ▲ Ture：当文本长度超过文本框宽度时，自动换行。
- ScrollBars：用来为文本框添加滚动条。

注 意

当 MultiLine 属性为 True 时，该 ScrollBars 属性才有效。

- 0 — None 无滚动条。
- 1 — Horizontal 添加水平滚动条。
- 2 — Vertical 添加垂直滚动条。
- 3 — Both 同时添加水平和垂直滚动条。
- Locked：该属性用于设置文本框的内容是否可被编辑。设为 False 表示可编辑；设为 True 表示只能显示，即为只读文本。
- PassWordChar：设置该属性为了遮盖文本框中输入的字符，将文本框显示的内容全部改为该属性所设置的值。

注 意

PassWordChar 属性的设置只有在 MultiLine 属性设为 False 时才有效。

- SelStart、SelLength 和 SelText：这三个属性是文本框对文本的编辑属性。
  - ▲ SelStart：设置或返回文本框选中文本的起始位置（0 表示最左边）。若没有选择文本，则用于返回目前光标的位置。如果 SelStart 的值大于或等于文本的长度，则插入点将被放在最后一个字符之后。
  - ▲ SelLength：设置或返回文本框中选定的文本字符串长度（字符个数）。
  - ▲ SelText：设置或返回当前选定文本中的文本字符串。

（2）文本框常用的事件

- Change 事件：当改变文本框的 Text 属性时触发该事件。用户输入每一个字符，就会引发一次 Change 事件。
- KeyPress(KeyAscii As Integer)事件：当用户按下并释放键盘上一个任意键时，就会触发一次该事件，并返回一个 KeyAscii 参数（字符的 ASCII 值）到该事件过程中。例如，输入 "A"，则 KeyAscii 的值是 65。可用函数 Chr$(KeyAscii)将数值"65"转换为字符 "A"。
- LostFocus 事件：当文本框控件失去焦点时发生，可在这个事件中初始化文本框。
- GotFocus 事件：当文本框控件获得焦点时发生，可在这个事件中检查文本框的内容。

（3）文本框常用的方法：SetFocus

使用形式：[对象.]SetFocus

功能：把光标移到指定的文本框对象中。

4.5 单选按钮与复选框

在进行标准化考试时，常常遇到这样两类试题：单项选择题和多项选择题，如果需要在计算机上实现这两类试题，就可以使用单选按钮和复选框。

1．复选框的作用

复选框（CheckBox）控件通常用于提供选择，显示选定标记，以确定用户是否选中了某一项目。其功能是独立的 ，在同一窗体上如果有多个复选框，用户可以根据需要选取一个或多个，即实现多项选择。

2．单选按钮的作用

单选按钮（OptionButton）用来从多个可选项中选择一项的操作，即单选操作。单选按钮和复选框控件的功能非常相似，复选框可以同时选择多个选项中的一个或多个，但各选项间是不互斥的；而单选按钮则只能从多项选择中选择一个，而各选项间的关系是互斥的。

3．使用单选按钮和复选框

在窗体 Form1 中，添加两个单选按钮，标题为"男生"、"女生"；再添加两个复选框，标题分别为"体育"和"音乐"，并添加两个文本框。运行结果：在 Text1 中显示所选中的单选按钮内容，在 Text2 中显示所选中的复选框内容，如图 4-7 所示。

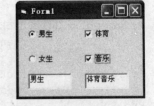

图 4-7 单选按钮与复选框的使用

4．实现单选按钮和复选框功能的步骤

① 新建工程，添加窗体 Form1。

② 在窗体 Form1 中添加两个单选按钮（名称分别为 Op1 和 Op2）、两个复选框（名称分别为 Ch1 和 Ch2）和两个文本框（名称分别为 Text1 和 Text2）。

③ 设置各控件的属性值。

单选按钮和复选框的 Caption 属性是用来显示控件标题内容的，所以我们只要设置其 Caption 属性即可，如表 4-5 所示。

表 4-5　图 4-7 控件属性

控　件	属　性	属　性　值
单选按钮	名称	Op1
	Caption	男生
单选按钮	名称	Op1
	Caption	女生
复选框	名称	Ch1
	Caption	体育
复选框	名称	Ch2
	Caption	音乐
文本框	名称	Text1
文本框	名称	Text2

④ 编写事件过程代码。

判断单选按钮和复选框是否被选中都是通过其 Value 属性值来体现的。而要在文本框中显示选中的内容，则要通过单选按钮或复选框的单击事件来实现。

```
Private Sub Ch1_Click()
    If Ch2.Value And Ch1.Value Then
        Text2=Ch1.Caption & Ch2.Caption
    Else
        If Ch1.Value Then Text2=Ch1.Caption
        End If
End Sub
Private Sub Ch2_Click()
    If Ch2.Value And Ch1.Value Then
        Text2=Ch1.Caption & Ch2.Caption
    Else
        If Ch2.Value Then Text2=Ch2.Caption
        End If
End Sub
Private Sub Op1_Click()
    If Op1.Value Then Text1=Op1.Caption
End Sub
Private Sub Op2_Click()
    If Op2.Value Then Text1=Op2.Caption
End Sub
```

⑤ 保存程序，调试运行。

5．相关知识点归纳

很显然，单选按钮和复选框不仅功能非常相似，而且其使用的方法也很相似。

（1）复选框的常用属性和事件

- Caption 属性：用来设置复选框控件的标题内容。复选框的标题一般显示在其右边，以表明此复选框的功能。
- Value 属性：用来指定复选框所处的状态，以下有 3 种可选值：

  0 — 未选中状态。

  1 — 选中状态，运行时呈现"√"标志。

  2 — 禁用状态。
- Click 事件：用户可以在此事件过程中，根据复选框的状态执行某些操作。

（2）单选按钮的常用属性和事件

- Caption 属性：用来设置单选按钮的标题内容。默认状态下标题显示在单选按钮的右边。
- Value 属性：用来表示单选按钮的状态。

  ▲ False：表示未选中。

  ▲ Ture：表示选中，运行时该单项按钮的圆圈中将出现一个黑点。
- Click 事件：单选按钮是否响应 Click 事件，取决于应用程序的功能。

注 意

与复选框不同，对单选按钮来说，触发 Click 事件即表明选中此选项。

4.6 列表框与组合框

在 4.5 节中，已经学习了如何使用单选按钮与复选框解决单选和多选操作的问题，但是可以设想一下，在可选项比较多时，用户界面就会显得非常混乱，同时也降低了界面的利用率。此时，可以使用列表框和组合框来解决这个问题，当然列表框和组合框的功能不仅限于此。

1. 列表框的作用

列表框（ListBox）控件用于在很多选项中做出选择的情况。在列表框中可以有很多选项供选择，用户可以从列表框中的一系列选项中选择一个或多个所需要的选项。如果选项太多，超出了列表框设计时的长度或宽度，则 Visual Basic 会自动为列表框加上滚动条，便于用户进行选择。

2. 组合框的作用

组合框（ComboBox）控件是综合列表框和文本框的特性组合成的控件。也就是说，组合框是一种独立的控件，但它兼有列表框和文本框的功能。它可以像列表框一样，让用户通过鼠标选择所需要的选项，也可以像文本框一样，用输入的方式进行选择。

3. 使用列表框和组合框

如图 4-8 所示，在文本框和组合框中添加的内容可以通过命令按钮添加到列表框中，也可以通过命令按钮删除和清空列表框中的内容。其中性别为"男"、"女"，职称为"高级工程师"、"工程师"、"助理工程师"、"技术员"。

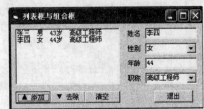

图 4-8 列表框和组合框

4．实现列表框和组合框功能

① 新建工程，添加窗体 Form1。

② 在窗体 Form1 中添加 1 个列表框 List1；2 个组合框 CboSex 和 CboPost；2 个文本框 TxtName 和 TxtAge；4 个命令按钮 CmdAdd、CmdRemove、CmdClear 和 CmdExit 以及 4 个标签 Label1、Label2、Label3 和 Label4。

③ 设置各控件的属性值如表 4-6 所示。

表 4-6　图 4-8 窗体控件属性

控　件	属　性	属　性　值
窗体	Caption	列表框与组合框
列表框	名称	List1
组合框	名称	CboSex
组合框	名称	CboPost
文本框	名称	TxtName
文本框	名称	TxtAge
标签	Caption	姓名
标签	Caption	性别
标签	Caption	年龄
标签	Caption	职称
命令按钮	名称	CmdAdd
	Caption	添加
命令按钮	名称	CmdRemove
	Caption	去除
命令按钮	名称	CmdClear
	Caption	清空
命令按钮	名称	CmdExit
	Caption	退出

④ 编写事件过程代码。

窗体加载时，用组合框的 AddItem 方法对职称和性别组合框进行初始化，即添加职称和性别的项目。在添加内容时，先将要添加的文本框和组合框中的内容赋值给一个字符串变量，通过 Trim$()函数取消其中空格；再用 AddItem 方法为列表框添加项目；用 Clear 方法对列表框进行清空，用 RemoveItem 方法移除列表框项目。

```
Option Explicit
Private Sub CmdAdd_Click()                    '"添加"按钮 Click 事件过程
    If Trim$(TxtName.Text)="" Or Trim$(TxtAge.Text)="" Then Exit Sub
    Dim StrAdd As String                      '将在文本框和组合框中输入或选择的内
                                              '容插入空格后连接成一个字符串
    StrAdd=Trim$(TxtName.Text)&" "&CboSex.Text _
    & " " & Trim$(TxtAge.Text) & "岁 " & CboPost.Text
    List1.AddItem StrAdd                       '在列表框中添加项目
End Sub
Private Sub CmdClear_Click()                  '"清空"按钮 Click 事件过程
    List1.Clear                               '清空列表框
```

```
End Sub
Private Sub CmdExit_Click()                        '"退出"按钮 Click 事件过程
    Unload Me
End Sub
Private Sub CmdRemove_Click()                       '"去除"按钮 Click 事件过程
                                                   '去除列表框中选定的项目

    If List1.ListIndex <> -1 Then List1.RemoveItem List1.ListIndex
End Sub
Private Sub Form_Load()
                    '窗体加载时用组合框的 AddItem 方法对职称和性别组合框进行初始化
                    '对一个对象执行多个动作可使用 With...End With 语句简化代码

    With CboPost
        .AddItem "高级工程师"
        .AddItem "工程师"
        .AddItem "助理工程师"
        .AddItem "技术员"
        .ListIndex=0
    End With
    CboSex.AddItem "男"
    CboSex.AddItem "女"
    CboSex.ListIndex=0
End Sub
```

⑤ 保存程序，调试运行。

5．相关知识点归纳

（1）列表框的常用属性

- ListCount：列表框中所有项目的数量。列表框中选项的排列从 0 开始，最后一项的序号为 ListCount−1。

- List：设置列表框中包含的项。设计时可向列表框添加选择项目，程序运行时可利用 List 属性访问列表框中的项目。引用项目的方法为：列表框名称. List(Index)。其中：Index 是列表项目在列表框中的位置。

- MultiSelect：设置是否能够在列表项中选择多个项目。其可选值如下：
  0 — 不允许有多个选择，即一次只能选取一个。
  1 — 简单多项选择，可用鼠标单击或按空格键在列表框中选中或取消选中项目。
  2 — 扩展多项选择，可利用【Ctrl】键或【Shift】键的配合进行多项选择。

- ListIndex：当前所选中选项的位置，如果选中第一个项目，则 ListIndex 的返回值为 0，如果选中下一个项目，则 ListIndex 的返回值为 1，依此类推。

- Sorted：设置列表框中的选项是否按字母、数字升序排列。

（2）列表框常用的方法

- AddItem：用于在程序运行时向列表框添加项目。其语法格式为：列表框名称.AddItem Item[,Index] 。其中：Item 是要添加到列表框中的字符串表达式；Index 是可选参数，用来指定新添加项目在列表框中的位置。Index 为 0，表示第一个位置，Index 值不能大于列表框中项目数−1，如果省略 Index，则新项目被添加在列表框的尾部。

- RemoveItem：用于在程序运行时删除列表框中指定的项目。其语法格式为：列表框名称.RemoveItem Index。其中：Index 用来指定要删除的项目在列表框中的位置。
- Clear：用于删除列表框中的所有项目。其语法格式为：列表框名称.Clear。

（3）组合框的常用属性

列表框的属性基本上都可以用于组合框，此外它还有一些自己的属性：

- Style：这是组合框的一个重要属性，通过其不同的取值，决定组合框的样式。

  0 — 标准下拉样式组合框，包括一个文本框和一个可以折叠的下拉式列表框。

  1 — 简单组合框，包括一个文本框和一个不能折叠的下拉式列表框。

  2 — 下拉列表样式组合框，用户不能在文本框中输入文本，只能在列表框中选择。

- Text：该属性值是用户所选择的列表项目中的文本或在文本框中输入的文本。

（4）组合框的常用方法

前面介绍的列表框常用的方法 AddItem、RemoveItem 和 Clear 也适用于组合框，其使用方法与列表框非常相似。

> **提 示**
>
> 一般情况下，组合框用于建议性的选项列表，而希望将输入选项限制在列表之内时，则使用列表框。另外，组合框控件占用的空间相对较少。

4.7 滚 动 条

在许多情况下，需要显示的信息量很大或项目列表很长，而计算机显示屏的大小是有限的，此时要观察所有信息或在大量信息中确定位置，则滚动条控件可以用来完成这项工作。

1. 滚动条的作用

滚动条控件为不能自动支持滚动查看的应用程序和控件提供滚动功能。当项目列表很长或者信息量很大时，使用滚动条用户可以在较小的区域内查看到所有的信息或列表项目，并可以提供简单的定位操作。

2. 滚动条的种类

滚动条包括水平滚动条（HScrollBar）和垂直滚动条（VScrollBar）。水平滚动条用来帮助用户左右滚动窗口内容，而垂直滚动条则用来帮助用户上下滚动窗口内容。

3. 使用滚动条

设计一个调色板如图 4-9 所示，主要通过红、绿、蓝三种基本色进行设置颜色，用三个 HscrollBar 控件来实现。合成的颜色显示在右边的标签 Label 中，用其背景颜色属性 BackColor 值的改变实现合成颜色的调色效果。

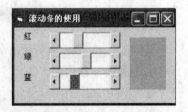

图 4-9 滚动条的应用

4. 实现滚动条功能

① 新建工程，添加窗体 Form1。

② 在窗体 Form1 中添加 3 个水平滚动条 HScroll1、HScroll2 和 HScroll3；4 个标签 Label1、Label2、Label3 和 Label4。

③ 设置各控件的属性值。

基本颜色有红、绿、蓝三种，选择这三种颜色的不同比例，可以合成所需的任意颜色。这里用三个滚动条分别代表颜色"红、绿、蓝"的值，颜色数值设置范围为"0~255"，三个滚动条的 Max（最大值）属性应该设为 255，Min（最小值）属性设为 0，而允许单击滚动条中非滚动块空白区域时的颜色数值变化量 Largechange 为 10，如表 4-7 所示。

表 4-7　图 4-9 窗体控件属性

控　件	属　性	属　性　值
窗体	名称	Form1
	Caption	调色板应用
标签	名称	Label1
	Caption	红
标签	名称	Label2
	Caption	绿
标签	名称	Label3
	Caption	蓝
标签	名称	Label4
	Caption	
水平滚动条	名称	HScroll1
	Max	255
	Min	0
	Largechange	10
水平滚动条	名称	HScroll2
	Max	255
	Min	0
	Largechange	10
水平滚动条	名称	Hscroll3
	Max	255
	Min	0
	Largechange	10

④ 编写事件过程代码。

颜色搭配函数为 RGB(n1,n2,n3)，通过 3 个滚动条的 Change 事件实现颜色值的动态改变，通过标签 Label4 背景颜色属性 BackColor 值的改变显示调色设置的结果。

```
Private Sub HScroll1_Change()
    Label4.BackColor = RGB(HScroll1.Value, _
        HScroll2.Value,HScroll3.Value)                '设置颜色
End Sub
Private Sub HScroll2_Change()
```

```
    Label4.BackColor = RGB(HScroll1.Value, _
        HScroll2.Value,HScroll3.Value)
End Sub
Private Sub HScroll3_Change()
    Label4.BackColor = RGB(HScroll1.Value, _
        HScroll2.Value,HScroll3.Value)
End Sub
```

⑤ 保存程序，调试运行。

5. 相关知识点归纳

（1）滚动条的常用属性

- Min、Max 属性：这两个属性决定在一个滚动条中可以表示的值域范围，其值是 Integer 类型，设置范围都在 −32 768 ~ 32 767 之间。Min 的默认值为 0，Max 的默认值为 32 767。对于水平滚动条来说，最左边为 Min，最右边为 Max；对于垂直滚动条来说，最上面为 Min，最下面为 Max。

- Value 属性：对应滚动块在滚动条中的位置值，其值应在用户所设定的最大值和最小值之间。

- Smallchange 最小变动值属性：当按下滚动条两端的箭头时，Value 值的变量。

- LargeChange 最大变动值属性：按下滚动条中，非滚动块的空白区域时，Value 值的变量。

（2）滚动条的常用事件

- Scroll 事件：当用鼠标拖动滚动块时，即触发 Scroll 事件。

- Change 事件：当改变 Value 属性值时，即触发 Change 事件。

4.8 计 时 器

1. 计时器控件的作用

计时器控件是一个响应时间的控件，它独立于用户，编程后可用来在一定的时间间隔中周期性地执行某项操作。

2. 使用计时器控件

设计一个数字计时器如图 4-10 所示，程序运行后在标签内显示系统当前时间。

图 4-10 计时器控件的应用

3. 实现计时器功能

① 新建工程，添加窗体 Form1。

② 在窗体 Form1 中添加 1 个标签 Label1 和一个计时器控件 Timer1。

③ 设置各控件的属性值。

设置数字计时器时关键是把计时器的 Interval 属性设置为 1 000，如表 4-8 所示。

表 4-8　图 4-10 窗体控件属性

控　件	属　性	属 性 值
窗体	Caption	计时器控件的作用
	名称	Form1
标签	名称	Label1
	Caption	
	BorderStyle	1-Fixed Single
计时器	名称	Timer1
	Interval	1000

④ 编写事件过程代码。

根据任务要求，打开代码窗口，在计时器控件的 Timer 事件过程中编写代码。

```
Private Sub Timer1_Timer()
    Label1.Caption = Time$   '设置系统时间
End Sub
```

⑤ 保存程序，调试运行。

4. 相关知识点归纳

（1）计时器控件的常用属性

- Enabled 属性：当该属性为 True 时，定时器处于工作状态；而当 Enabled 被设置为 False 时，就会暂停操作而处于待命状态。因此，定时器的 Enabled 属性不同于其他对象的 Enabled 属性。
- Interval 属性：计时器控件周期性事件之间的时间间隔，以毫秒为单位，取值范围为 0～65 536。

（2）计时器控件的事件

Timer 事件：每经过由属性 Interval 指定的时间间隔，就会产生一个 Timer 事件。

4.9　框　　架

1. 框架的作用

框架控件是一个容器。框架的作用是能够把其他控件组织在一起形成控件组。这样，当框架移动、隐藏时，在其内的控件组也随之相应移动、隐藏。

2. 使用框架

设计一个图 4-11 所示的框架的应用，主要通过选择字体类型和字体大小来控制文本框中的字体和大小，用框架先把单选按钮分组，通过命令按钮来实现功能。

3. 实现框架功能

① 新建工程，添加窗体 Form1。

② 在窗体 Form1 中添加 2 个框架 Frame1 和 Frame2、2 个命令按钮 Command1 和 Command2，4 个单选按钮 Option1、Option2、Option3 和 Option4，一个文本框 Text1。

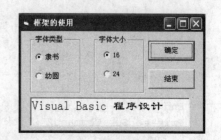

图 4-11　框架的使用

③ 设置各控件的属性值如表4-9所示。

表4-9　图4-11窗体控件属性

控件	属性	属性值
窗体	Caption	框架的使用
	名称	Form1
文本框	名称	Text1
	Text	
框架	名称	Frame1
	Caption	字体类型
框架	名称	Frame2
	Caption	字体大小
命令按钮	名称	Command1
	Caption	确定
命令按钮	名称	Command2
	Caption	结束
单选按钮	名称	Option1
	Caption	隶书
单选按钮	名称	Option2
	Caption	幼圆
单选按钮	名称	Option3
	Caption	16
单选按钮	名称	Option4
	Caption	24

④ 编写事件过程代码。

根据任务要求，打开代码窗口，在两个命令按钮的 Click 事件过程中编写代码。

```
Private Sub Command1_Click()
    If Option1.Value = True Then
        Text1.FontName = "隶书"              '设置隶书
    Else
        Text1.FontName = "幼圆"              '设置幼圆
    End If
        If Option3.Value = True Then         '设置字号
            Text1.FontSize = 16
    Else
            Text1.FontSize = 24
    End If
End Sub
Private Sub Command2_Click()
    End                                      '退出
End Sub
```

4. 相关知识点归纳

框架的常用属性如下：

- Caption 属性：设置框架标题，使用户了解框架的用途。
- Enabled 属性：设置框架是否有效。
- Visible 属性：设置框架是否可见。

> **注　意**
>
> 向框架中添加分组控件时，不能在工具栏中双击，而是在工具栏中单击分组控件，在框架中用鼠标拖动的方法添加。

4.10　实现读者信息录入界面的具体方法

【任务实现】实现图 4-1 所示的读者信息录入界面。

> **提　示**
>
> 先将要添加的文本框和组合框中的内容赋值给一个字符串变量，通过 Trim$() 函数取消其中空格；用 AddItem 方法为列表框添加项目，用 Clear 方法对列表框进行清空，而移除列表框项目的方法是 RemoveItem。

① 新建工程，添加窗体 Form1。

② 在窗体 Form1 中添加控件。

添加 11 个标签，分别为 Label1～Label11；添加 9 个文本框，分别为 Text1～Text9；添加 4 命令按钮，分别为 Command1～Command4；添加 2 个组合框和 1 个列表框。

③ 各控件属性设置，如表 4-10 所示。

表 4-10　图 4-1 窗体控件属性

控　件	属　性	属　性　值
窗体	Caption	读者信息录入
	名称	Form1
文本框	名称	Text1
	Text	
文本框	名称	Text2
	Text	
文本框	名称	Text3
	Text	
文本框	名称	Text4
	Text	
文本框	名称	Text5
	Text	
文本框	名称	Text6
	Text	

续表

控 件	属 性	属 性 值
文本框	名称	Text7
	Text	
文本框	名称	Text8
	Text	
文本框	名称	Text9
	Text	
命令按钮	名称	Command1
	Caption	添加
命令按钮	名称	Command2
	Caption	删除
命令按钮	名称	Command3
	Caption	清空
命令按钮	名称	Command4
	Caption	退出
列表框	名称	List1
	Text	
组合框	名称	Combo1
	Text	男
组合框	名称	Combo2
	Text	A
标签	名称	Label1
	Caption	读者编号
标签	名称	Label2
	Caption	读者姓名
标签	名称	Label3
	Caption	读者性别
标签	名称	Label4
	Caption	读者种类
标签	名称	Label5
	Caption	工作单位
标签	名称	Label6
	Caption	家庭地址
标签	名称	Label7
	Caption	电话
标签	名称	Label8
	Caption	电子邮件

续表

控　件	属　性	属　性　值
标签	名称	Label9
	Caption	登记日期
标签	名称	Label10
	Caption	借书数量
标签	名称	Label11
	Caption	备注

④ 编写代码：

由于添加、删除命令按钮的实际功能是和数据库联系在一起的，在此例中以添加文本框和组合框的内容来代替数据库。根据任务要求，打开代码窗口，在四个命令按钮的 Click 事件过程中编写代码。

```
Private Sub Form_Load ()              '添加性别和读者类型
    Combo1.AddItem "男"
    Combo1.AddItem "男"
    Combo2.AddItem "A"
End Sub
Private Sub Command1_Click()          '将读者信息添加到列表框中
    Dim a As String,b As String,c As String,d As String
    Dim e As String,f As String,g As String,h As String
    Dim m As String,n As String,p As String
    a=Trim$(Text1.Text)
    b=Trim$(Text2.Text)
    c=Trim$(Combo1.Text)
    d=Trim$(Combo2.Text)
    e=Trim$(Text3.Text)
    f=Trim$(Text4.Text)
    g=Trim$(Text5.Text)
    h=Trim$(Text6.Text)
    m=Trim$(Text7.Text)
    n=Trim$(Text8.Text)
    p= Trim$(Text9.Text)
    List1.AddItem a+b+c+d+e+f+g+h+m+n+p
End Sub
Private Sub Command2_Click()          '删除读者信息
    List1.RemovItem List1.ListIndex
End Sub
Private Sub Command3_Click()          '清空列表框内容
    List1.Clear
End Sub
Private Sub Command4_Click()          '退出
    End
End Sub
```

⑤ 调试运行。

⑥ 设计存盘。

本 章 小 结

　　用户界面是人与计算机之间的媒介，用户用界面与计算机进行信息交换。用户界面的质量直接关系到应用系统的性能能否得到充分发挥，以及能否让用户准确、高效、轻松愉快地工作，所以程序的友好性、易用性对软件系统是至关重要的。编制软件系统时，第一步便是界面的设计，因此应该熟练掌握界面的设计过程和方法。

　　本章主要介绍了命令按钮、标签、文本框、列表框、组合框与窗体、单选按钮与复选框等常用控件，我们学习了利用常用控件设计用户界面相关的概念、方法和技巧以及工具箱使用等基本知识，并通过一个实例加深对 VB 开发窗体界面的理解。通过本章的学习，可以进行简单的 VB 程序设计，为以后的设计打下基础。

　　设计用户界面的一般步骤：

① 新建工程。

② 添加窗体。

③ 根据需要在窗体中添加相应种类和数量的控件。

④ 设置每个控件的相关属性值。

⑤ 根据问题要求，编写相应控件的事件过程代码。

⑥ 调试运行，保存程序。

实 战 训 练

一、选择题

1. 在标签控件中显示的文本内容由（　　）属性来实现。

　　A. Name　　　　　　B. Caption　　　　　　C. Text　　　　　　D. ForeColor

2. 要使文本在标签内居中显示，Alignment 属性的取值应为（　　）。

　　A. 0　　　　　　　　B. 1　　　　　　　　　C. 2　　　　　　　　D. 3

3. 文本框没有如下（　　）属性。

　　A. BackColor　　　　B. Enabled　　　　　　C. Visible　　　　　D. Caption

4. 若设置或返回文本框中的文本，则可以通过（　　）属性来实现。

　　A. Caption　　　　　B. Text　　　　　　　C. Name　　　　　　D. Visible

5. 在文本框中设置垂直滚动条，则 ScrollBars 属性的值应为（　　）。

　　A. 0　　　　　　　　B. 1　　　　　　　　　C. 2　　　　　　　　D. 3

6. 下列控件中，没有 AutoSize 属性的是（　　）控件。

　　A. 标签　　　　　　B. 命令按钮　　　　　　C. 图片框　　　　　D. 图像框

7. 命令按钮上的文本内容由其（　　）属性设置。

　　A. Text　　　　　　B. Caption　　　　　　C. Name　　　　　　D. Show

8. 若将命令按钮设置为默认命令按钮，可以通过（　　）属性来实现。

　　A. Value　　　　　　B. Cancel　　　　　　C. Default　　　　　D. Enabled

9. 若使命令按钮不显示，则可以通过（　　）属性来实现。

    A. Value　　　　　　B. Enabled　　　　　　C. Visible　　　　　　D. Cancel

10. Value 属性值为（　　）时，表示该复选框被选中。

    A. 0　　　　　　　　B. 1　　　　　　　　　C. 2　　　　　　　　　D. 3

11. 要使列表框中的项目垂直滚动，应设置 Columns 属性值为（　　）。

    A. 0　　　　　　　　B. 1　　　　　　　　　C. 2　　　　　　　　　D. 3

12. 若要得到列表框中项目的数目，可以访问（　　）属性。

    A. List　　　　　　B. ListIndex　　　　　C. ListCount　　　　　D. Text

13. 若要清除列表框的所有项目内容，可以使用（　　）方法。

    A. AddItem　　　　B. ReMove　　　　　　C. Clear　　　　　　　D. Print

14. 在组合框中选择的项目内容，可以通过（　　）属性获得。

    A. List　　　　　　B. ListIndex　　　　　C. ListCount　　　　　D. Text

15. 若要获得滚动条的当前位置，可以通过访问（　　）属性来实现。

    A. Value　　　　　B. Max　　　　　　　C. Min　　　　　　　　D. LargeChange

16. 当用鼠标拖动滚动块时，触发（　　）事件。

    A. Move　　　　　　B. Change　　　　　　C. Scroll　　　　　　　D. GotFocus

17. 要设置计时器的时间间隔，可以通过其（　　）属性来实现。

    A. Value　　　　　B. Text　　　　　　　C. Max　　　　　　　　D. InterVal

18. 要暂时关闭计时器，需设置（　　）属性。

    A. Visible　　　　B. Enabled　　　　　　C. Lock　　　　　　　　D. Cancel

19. 要改变控件的 Tab 顺序，可以修改（　　）属性值。

    A. Visible　　　　B. Enabled　　　　　　C. TabStop　　　　　　D. TabIndex

20. 设置一个单选按钮（OptionButton）所代表选项的选中状态，应当在属性窗口中改变的属性是（　　）。

    A. Caption　　　　B. Name　　　　　　　C. Text　　　　　　　　D. Value

二、填空题

1. 要使标签控件有边框，须设置其 BorderStyle 属性的值为＿＿＿＿＿。

2. 要使标签控件不能响应用户事件，应设置 Enabled 属性的值为＿＿＿＿＿。

3. 若使文本框内能够接受多行文本，则要设置 Multiline 属性的值为＿＿＿＿＿。

4. 文本框的属性中，只有 Multiline 属性设置为＿＿＿＿＿时，ScrollBars 属性才生效。

5. 当一个命令按钮的 Cancel 属性值设置为 True 时，单击该命令按钮与按＿＿＿＿＿键的作用相同。

6. 在一个窗体中，只允许＿＿＿＿＿个命令按钮的 Defaul 属性设置为 True。

7. 当单选按钮的 Value 属性为＿＿＿＿＿时，表示该单选按钮处于未选中状态。

8. 若使命令按钮 Command1 重新生效，则使用的赋值语句为＿＿＿＿＿。

9. 若使命令按钮不能接收和响应任何事件，则可以设置其 Visible 属性的值为＿＿＿＿＿。

10. 设置框架控件的标题文本内容，需要使用＿＿＿＿＿属性。

11. 在框架控件中可以设置一组控件，这些控件作为框架的＿＿＿＿＿控件对象。

12. 列表框中项目的序号从＿＿＿＿＿开始到＿＿＿＿＿结束。

13. 要显示列表框 List1 中序号为 3 的项目内容的语句为 _____。

14. 向组合框 Combo2 添加序号为 5、内容为"网络学院"的项目,应使用的语句为 _____。

15. 要删除组合框 Combo1 序号为 3 的项目,使用的语句为 _____。

16. 计时器每经过一个由 InterVal 属性指定的时间间隔就会触发一次 _____ 事件。

三、操作题

1. 在窗体中添加一个时钟控件、一个框架、五个命令按钮、一个标签,窗体效果如图 4-12 所示。要求:通过命令按钮可以分别控制秒表的开始、暂停、继续、停止、重置等。

 提 示

为与时间单位相符,将计时器的 Interval 属性设置为 10;标签用于显示秒表的内容,将标签的 Caption 属性设置为 "0:00:00.00" 以符合日常习惯;通过字符串函数实现时、分、秒、厘的截取和显示;通过命令按钮的 Click 事件实现相应运行控制。

2. 在窗体中添加三个文本框,窗体效果如图 4-13 所示。要求:用户在第一个文本框中输入内容时,同时在第 2 个和第 3 个文本框中显示相同的内容且显示不同的字体、不同的字体颜色和不同的字号。

图 4-12 秒表

图 4-13 文本框

提 示

为了在第一个文本框中输入内容的同时,在第 2 个和第 3 个文本框中显示相同的内容且显示不同的字体、不同的字体颜色和不同的字号,只需在第 1 个文本框的 Change 事件中编程即可。

3. 在窗体中添加一个文本框、一个列表框和四个命令按钮,窗体效果如图 4-14 所示。要求:用户在文本框中输入内容后,单击"添加"按钮,将文本框中的内容添加到列表框中,单击"删除"按钮删除列表框中被选中的内容,单击"全删"按钮删除列表框中全部内容。

提 示

要向列表框添加内容用 AddItem 方法,删除列表框内容用 RemoveItem 方法,全删用 Clear 方法。

4. 在窗体中添加两个列表框和两个命令按钮,窗体效果如图 4-15 所示。要求:用户在单击向右的箭头按钮时,将左边列表框中选中的内容添加到右边的列表框中,单击向左的箭头按钮时,将右边列表框中选中的内容添加到左边的列表框中。

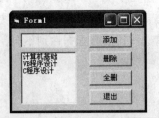

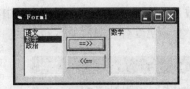

图 4-14 操作 3 题列表框   图 4-15 操作 4 题列表框

提 示
要向列表框添加内容用 AddItem 方法。

5. 在窗体中添加一个文本框，一个命令按钮和四个单选按钮，窗体效果如图 4-16 所示。
   要求：程序运行后，用户选中单选按钮，则程序做 10 和 2 的相应计算，并把计算结果
   显示在文本框中。如用户选中"加法"单选按钮，则程序做 10 和 2 的相加，计算结果
   12 在文本框中显示出来。单击"结束"按钮，则退出。

提 示
选中哪个单选按钮，执行 2 和 10 相应的计算，在单选按钮的单击事件中编程。

6. 在窗体中添加一个计时器，一个标签，窗体效果如图 4-17 所示。要求：程序运行后，
   用计时器实现字体的放大。

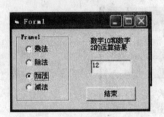

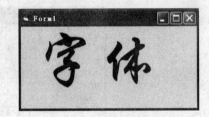

图 4-16 加减乘除运算   图 4-17 字体放大

提 示
为了实现字体的放大，把计时器控件的时间间隔属性设置成 1000，即每秒的变化。字
体放大时不能超过 100，每次放大 1.2 倍，若超过 100 恢复为 10。此题在计时器的 Timer 事
件中编程。

7. 在窗体中添加一个文本框、两个按钮、三个框架，并在每个框架中添加两个单选按钮。
   窗体效果如图 4-18 所示。要求：在文本框中输入内容后，可以通过三个框架中的单选
   按钮进行相应的字体、字号、颜色的设置。

提 示
利用框架对单选按钮进行分组，设置相应的字体、字号和颜色，在命令按钮的单击事
件中编程。

8. 在窗体中添加一个标签、两个单选按钮、一个框架、一个列表框和一个命令按钮。窗体效果如图 4-19 所示。要求：选中框架中的性别单选按钮后，根据性别不同，在列表框中显示男女各自测试的运动项目。

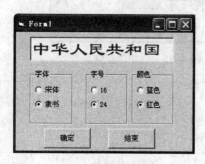

图 4-18　框架　　　　　　　　　　　　图 4-19　测试项目

提 示

利用框架对单选按钮进行分组，选中哪个单选按钮，在列表框中显示相应的测试项目，在单选按钮的单击事件中编程。

9. 设计一个学生注册的程序界面，在窗体中添加五个标签、两个组合框、三个文本框、一个列表框和两个命令按钮。程序界面效果如图 4-20 所示。要求：将学校的学院添加到第一个组合框，选中某一个学院后该学院的系出现在第二个组合框，单击"注册"按钮，将该学生的注册信息添加到列表框。

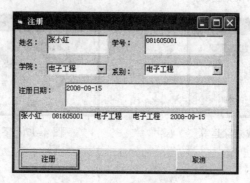

图 4-20　注册信息

提 示

要向列表框添加内容用 AddItem 方法，在命令按钮的单击事件中编程。

第 **5** 章

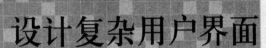

设计复杂用户界面

学习目标：

- 掌握菜单的设置与使用
- 掌握工具栏的设置与使用
- 掌握状态栏的设置与使用
- 掌握通用框的设置与使用
- 掌握 RichTextBox 控件的设置与使用
- 掌握多文档界面的设置与使用

能力目标：

- 根据不同需求设置菜单的能力
- 根据不同需求设置工具栏的能力
- 根据不同需求设置状态栏的能力
- 根据不同需求设置通用对话框的能力
- 根据不同需求设置多文档界面的能力
- 设计复杂用户界面的能力

5.1　如何实现复杂用户界面

在第 4 章中，我们了解了一般用户界面的设计方法，并学习掌握了基本控件的设置及其使用方法。但是，在实际应用中，用户界面会显示大量内容，如简单的文本编辑器中有菜单栏、工具栏、状态栏、多文档界面，因此在实现其功能时需要使用通用对话框等。

【任务描述】如图 5-1 所示，其中有实现某些功能的菜单和工具按钮；有用于显示系统时间日期信息的状态栏；有实现打开、保存等功能的通用对话框；还有显示文本信息的多文档界面（这里的文本信息用的是 RichTextBox 控件）等，要求实现文本编辑功能。

显然，仅仅具备设计一般用户界面的知识是不够的，那么怎样设计才能实现这样的用户界面？本章就来学习这方面的知识。

【**任务效果**】如图 5-1 所示为文本编辑器的效果图，从中可以看出，其中包含 VB 的六种常用对象：菜单、工具栏、状态栏、通用对话框、多文档界面和富文本框，要实现文本编辑应先掌握这些控件的功能和使用方法，因此现在就来学习常用控件的相关知识。

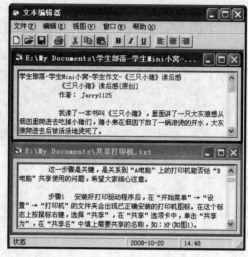

图 5-1　文本编辑器

5.2　菜单程序设计

当今大多数大型应用程序的用户界面为菜单界面。菜单用于给命令进行分组，使用户能够更方便、更直观地访问这些命令。

1. 菜单的作用

菜单的基本作用有两个，一是提供人机对话的界面，以便让使用者选择应用系统的各种功能；二是管理应用系统，控制各种功能模块的运行。一个高质量的菜单程序，不仅能使系统美观，而且能使操作者使用方便，并可避免由于误操作而带来的严重后果。

2. 菜单的类型

在实际应用中，菜单可分为两种基本类型，即弹出式菜单和下拉式菜单。在使用 Windows 和 Visual Basic 的过程中，我们已经见过很多次这两种菜单。例如，启动 Visual Basic 后，单击"文件"菜单所显示的就是下拉式菜单，而右击窗体时所显示的菜单就是弹出式菜单。

3. 设计菜单

如图 5-2 所示窗体中有一个文本框。控件名称为 Text1，Multiline 属性为 True；通过菜单命令向文本框中输入信息并对文本框中的文本进行格式化。

图 5-2　菜单

4. 实现各菜单项的功能

① 新建工程，添加窗体 Form1。

② 在窗体 Form1 中添加一个文本框 Text1，并设置窗体和文本框的属性，其属性如表 5-1 所示。

表 5-1　图 5-2 窗体控件属性

对　　象	属　　性	属　性　值
窗体	Name	Form1
	Caption	菜单程序设计
文本框	Name	Text1
	Multiline	True

③ 打开菜单编辑器，设计菜单。各菜单的属性如表 5-2 所示。

表 5-2　菜单属性

分　　类	标　　题	名　　称
主菜单项 1	输入信息	Mnuinput
子菜单项 1	输入	Mnuin
子菜单项 2	退出	MnuExit
主菜单项 2	显示信息	Mnuoutput
子菜单项 1	显示	MnuShow
子菜单项 2	清除	MnuClear
主菜单项 3	格式	MnuFoarmat
子菜单项 1	粗体	Mnub
子菜单项 2	斜体	Mnui
子菜单项 3	下画线	MnuU
子菜单项 4	—	Mnubar
子菜单项 5	红色	Mnured
子菜单项 6	绿色	Mnugreen
子菜单项 7	蓝色	Mnublue
子菜单项 8	—	Mnubar2
子菜单项 9	Font20	Mnu20

④ 编写事件过程代码。

根据任务要求，在单击各菜单时执行相应的功能，所以应该编写各菜单项的单击（Click）事件过程代码。

```
Dim str As String                              '声明变量
Private Sub mnu20_Click()                       '使文本框的字号为 20
   Text1.FontSize = 20
End Sub
Private Sub mnuB_Click()                         '加粗
   Text1.FontBold = Not Text1.FontBold
End Sub
Private Sub mnuBlue_Click()                      '使文本框的前景色为蓝色
   Text1.ForeColor = vbBlue
End Sub
Private Sub mnuClear_Click()                     '清除文本框的内容
   Text1.Text = ""
```

```
End Sub
Private Sub mnuexit_Click()                                    '退出
    End
End Sub
Private Sub mnuGreen_Click()                                   '使文本框的前景色为绿色
    Text1.ForeColor = vbGreen
End Sub
Private Sub mnuI_Click()                                       '斜体
    Text1.FontItalic = Not Text1.FontItalic
End Sub
Private Sub mnuin_Click()                                      '输入信息
    str = InputBox("请输入信息")
End Sub
Private Sub mnured_Click()                                     '使文本框的前景色为红色
    Text1.ForeColor = vbRed
End Sub
Private Sub mnushow_Click()                                    '显示
  Text1.Text = Text1.Text & str
End Sub
Private Sub mnuU_Click()                                       '下画线
    Text1.FontUnderline = Not Text1.FontUnderline
End Sub
```

⑤ 保存程序，调试运行。

5. 相关知识点归纳

（1）打开菜单编辑器的方法

● 选择"工具"|"菜单编辑器"命令。

● 使用【Ctrl+E】组合键。

● 单击工具栏上的"菜单编辑器"按钮。

● 在要建立菜单的窗体上右击，将弹出一个快捷菜单，然后选择"菜单编辑器"命令。

（2）菜单编辑器

"菜单编辑器"对话框如图 5-3 所示。

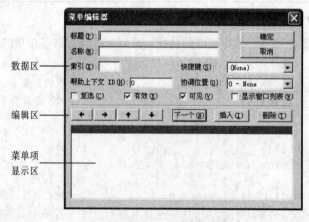

图 5-3　菜单编辑器

"菜单编辑器"对话框分为 3 个部分，即数据区、编辑区和菜单项显示区。

① 数据区：为窗口标题栏下面的 5 行，用来输入、修改菜单项并设置其属性。各部分的作用如下：

- 标题：一个文本框，用来输入所建立菜单的名字及菜单中每个菜单项的标题（相当于控件的 Caption 属性）。如果在菜单标题的某个字母前输入一个&字符，那么该字母作为热键字母，在窗体上显示时这个字母下面标有下画线，进行操作的同时按【Alt】键和该字母键就可以执行这个菜单项命令。

  如果在该栏中输入一个减号（–），则可在菜单中加入一条分隔线。

- 名称：一个文本框，用来输入菜单名及各菜单项的控制名（相当于控件的 Name 属性），它不在菜单中出现。每个菜单都要设置一个名称。

- 索引：用来为建立的控件数组设置下标。

- 快捷键：一个列表框，用来设置菜单项的快捷键（热键）。

- 帮助上下文 ID：一个文本框，可在该框中输入数值，这个值用来在帮助文件中查找相应的帮助主题。

- 复选：当选择该项时，可以在相应的菜单项旁加上指定的记号"√"，利用此属性，可以指明某个菜单项当前是否处于活动状态。

- 有效：用来设置菜单项的操作状态。在默认情况下，该属性为 True，表明相应的菜单项可以对用户事件作出响应。若设置为 False，则相应的菜单项会变"灰"，这时不响应用户事件。

- 可见：设置该菜单项是否可见。不可见的菜单项是不能被执行的。

② 编辑区：由 7 个按钮组成，用来对输入的菜单项进行简单的编辑。菜单可在数据区输入，在菜单项显示区显示。

- 左、右箭头：产生或取消内缩符号。右击产生 4 个点，单击则删除 4 个点。4 个点被称为内缩符号（….），用来确定菜单的层次。

- 上、下箭头：在菜单项显示区中移动菜单项的位置。把条形光标移到某个菜单项上，单击向上箭头使该菜单项上移，单击向下箭头使该菜单项下移。

- 下一个：新建一个新的菜单项（与按【Enter】键作用相同）。

- 插入：在选定的菜单项前插入一个菜单项。

- 删除：删除选定的菜单项。

③ 菜单项显示区：位于菜单设计区的下部。在这里可显示输入的菜单项，并通过内缩符号（….）表明菜单项的层次。条形光标所在的菜单项是"当前菜单项"。

（3）菜单的事件

单击事件：Click。

6. 拓展知识介绍

（1）菜单项增减

菜单项增减功能通过控件数组来实现。一个控件数组含有若干个控件，这些控件的名称相同，所使用的事件过程相同，而其中每个元素也可以有自己的属性。和普通数组一样，通过下标（Index）访问控件数组中的元素。控件数组在设计阶段建立，也可以在运行阶段建立。

例如，如图 5-4 所示。要求程序运行时，选择"应用程序"|"增加应用程序"命令，在分隔线下面增加一个新的菜单项，选择"减少应用程序"命令时，在分隔线下面删除一个指定的菜单项。

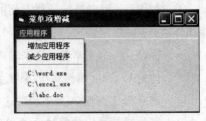

图 5-4　菜单项增减

实现步骤：

① 新建工程，添加窗体 Form1。

② 设置窗体属性，其属性如表 5-3 所示。

表 5-3　图 5-4 窗体控件属性

对　　象	属　　性	属　性　值
窗体	Name	Form1
	Caption	菜单项增减

③ 打开菜单编辑器，设计菜单，各菜单的属性如表 5-4 所示。

表 5-4　菜单属性

分　　类	标　　题	名　　称	可见性	下　　标
主菜单项	应用程序	Mnuapps	True	无
子菜单项 1	增加应用程序	Mnuaddap	True	无
子菜单项 2	减少应用程序	Mnudelap	True	无
子菜单项 3	—	Mnubar	True	无
子菜单项 4	空白	Mnuappname	False	0

④ 编写事件过程代码。

根据任务要求，是在单击各菜单时执行相应的功能，所以应该编写各菜单项的单击（Click）事件过程代码。

```
Dim a As Integer                          '声明变量
Private Sub Mnuaddap_Click()              '增加菜单
    msg$ = "Enter file path"
    temp$ = InputBox$(msg$,"add application")
    a = a + 1
    Load mnuappname(a)                    '增加
    mnuappname(a).Caption = temp$         '设置菜单标题
    mnuappname(a).Visible = True          '使菜单可见
End Sub
Private Sub mnudelap_Click()              '减少菜单
    Unload mnuappname(a)
    a = a - 1
    If a <= 0 Then
        mnudelap.Enabled = False
    End If
End Sub
```

⑤ 保存程序，调试运行。

（2）弹出菜单

与下拉菜单不同，弹出式菜单不需要在窗口顶部打开，而是可以通过在窗体的任意位置单击鼠标右键打开，因而使用更加方便，具有更大的灵活性。

建立弹出式菜单通常有两步：首先用菜单编辑器建立菜单，然后用 PopupMenu 方法设置弹出显示。第一步与前面介绍的操作基本相同，唯一的区别是如果不想在窗体顶部显示该菜单，可把菜单名（即主菜单项）的"可见"属性设置为 False（子菜单项不要设置为 False）。

PopupMenu 方法用来显示弹出式菜单，其格式为：

[对象.] PopupMenu 菜单名[,Flags[,x[,y [,Bold-Command]]]]

例如：在窗体上右击，弹出快捷菜单，实现其功能，如图 5-5 所示。

实现步骤：

① 新建工程，添加窗体 Form1。

② 在窗体 Form1 中添加一个文本框 Text1，并设置窗体和文本框的属性，其属性如表 5-5 所示。

图 5-5　弹出菜单

表 5-5　图 5-5 窗体控件属性

对　　象	属　　性	属　性　值
窗体	Name	Form1
	Caption	弹出菜单
文本框	Name	Text1
	Multiline	True

③ 打开菜单编辑器，设计菜单，各菜单的属性如表 5-6 所示。

表 5-6　菜单属性

分　　类	标　　题	名　　称	可　见　性
主菜单项	编辑	MnuEdit	False
子菜单项 1	剪切	Mnucut	True
子菜单项 2	复制	Mnucopy	True
子菜单项 3	粘贴	Mnupaste	True

④ 编写事件过程代码。

根据任务要求，在单击各菜单时执行相应的功能，所以应该编写各菜单项的单击（Click）事件过程代码；同时要在窗体上弹出菜单，还应该编写窗体的 MouseDown 事件过程代码。

```
Private Sub Form_MouseDown(Button As Integer,Shift As Integer,X As Single,
Y As Single)
If Button = 2 Then                      '调出弹出菜单
    PopupMenu mnuedit
 End If
End Sub
Private Sub mnucopy_Click()              '复制
```

```
    Clipboard.SetText Text1.SelText
    mnucut.Enabled = False
    mnucopy.Enabled = False
    mnupaste.Enabled = True
End Sub
Private Sub mnucut_Click()                           '剪切
    Clipboard.SetText Text1.SelText
    Text1.SelText = ""
    mnucut.Enabled = False
    mnucopy.Enabled = False
    mnupaste.Enabled = True
End Sub
Private Sub mnupaste_Click()                          '粘贴
    Text1.SelText = Clipboard.GetText
    mnucut.Enabled = False
    mnucopy.Enabled = False
    mnupaste.Enabled = True
End Sub
Private Sub Text1_MouseMove(Button As Integer,Shift As Integer,X As Single,
Y As Single)
    If Text1.SelText <> "" Then          '若选中文本，剪切、复制有效
      mnucut.Enabled = True
      mnucopy.Enabled = True
      mnupaste.Enabled = False
    Else                                      '否则粘贴有效
      mnucut.Enabled = False
      mnucopy.Enabled = False
      mnupaste.Enabled = True
    End If
End Sub
```

⑤ 保存程序，调试运行。

> **注 意**
>
> 弹出菜单要在鼠标按下事件（MouseDown）中编程。鼠标事件还有鼠标移动事件（MouseMove）和松开鼠标事件（MouseUp）。其使用和 MouseDown 方法相同。

5.3 工具栏设计

工具栏为用户提供了应用程序中快速访问常用的菜单命令的方法，进一步增强了菜单界面的功能，目前已经成为 Windows 应用程序的标准功能。

1. 工具栏的定义

在图 5-1 中设置富文本框中的字体格式，则可用工具栏（ToolBar）进行设置。工具栏是将多个图像化菜单和工具栏按钮组合在一起，通过菜单按钮可以直接打开相应的对象或执行相应的菜单功能。

2. 制作工具栏

工具栏的制作方法有两种：一是手工制作，利用图形框和命令按钮，这种方法比较烦琐。

二是通过 ToolBar、ImageList 控件制作。通常采用第二种方法。

3．使用工具栏

为了使用此控件，应首先打开"部件"对话框，选中 Microsoft Windows Common Controls 6.0 选项，将控件添加到 VB 工具箱中。

如图 5-6 所示，窗体中有一个富文本框：控件名称为 RichTextBox1，要求单击工具栏上的字体格式按钮时实现其功能。

4．实现工具栏功能

① 新建工程，添加窗体 Form1。

图 5-6 工具栏制作

② 在窗体 Form1 中添加一个富文本框控件：RichTextBox1，并设置窗体和富文本框的属性，其属性如表 5-7 所示。

注 意

富文本框在 5.6 节中介绍。

表 5-7 图 5-6 窗体控件属性

对　　象	属　　性	属　性　值
窗体	Name	Form1
	Caption	工具栏制作
富文本框	Name	RichTextBox1

③ 添加 ImageList 控件。添加步骤：

a．打开"部件"对话框，选中 Microsoft Windows Common Controls 6.0 选项，将控件添加到 VB 工具箱中。

b．双击 ImageList 控件，将其添加到窗体上，其默认名为 ImageList1。

c．选中 ImageList1 并右击，在弹出的快捷菜单中选择"属性"命令，然后在"属性页"对话框中选择"图像"选项卡，插入图片，如图 5-7 所示。

图 5-7 ImageList 控件属性页的"图像"选项卡

其中：

- "索引（Index）"：表示每个图像的编号，在 ToolBar 的按钮中引用。
- "关键字（Key）"：表示每个图像的标识符，在 ToolBar 的按钮中引用。
- "图像数"：表示已插入的图像数目。
- "插入图片"按钮：插入新图片，其扩展名为.ico、.bmp、.gif、jpg 等。
- "删除图片"按钮：删除选中的图像。

本例中建立的 ImageList 控件名为 ImageList1，其中添加 12 个图像，每个图像的属性如表 5-8 所示。

④ 添加 ToolBar 控件，操作步骤如下：

a. 双击 ToolBar 控件，将其添加到窗体上，其默认名为 ToolBar1。

表 5-8　图 5-6 工具栏的属性

索引 （Index）	关键字 （Key）	图像 .bmp	索引 （Index）	关键字 （Key）	图像 .bmp
1	Inew	New	7	Ibold	Bld
2	Iopen	Open	8	Iitalic	Itl
3	Isave	Save	9	Iunderline	Undrln
4	Icut	Cut	10	Ileft	Lft
5	Icopy	Copy	11	Icenter	Ctr
6	Ipaste	Paste	12	Iright	Rt

b. 为工具栏连接图像：

选中 ToolBar1，右击在弹出的快捷菜单中选择"属性"命令，然后在"属性页"对话框中选择"通用"选项卡，在"图像列表"下拉列表框中选择"ImageList1"控件名，如图 5-8 所示。

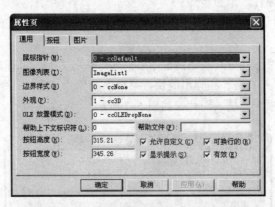

图 5-8　ToolBar 控件属性页的"通用"选项卡

其中：

- "图像列表"表示与 ImageList 控件的连接。
- "可换行的"复选框被选中时，表示当工具栏的长度不能容纳所有按钮时，可在下一行显示；否则剩余的将不显示。

其余各项一般取默认值。

c. 为工具栏增加按钮：

在"属性页"对话框中选择"按钮"选项卡，显示该对话框，单击"插入按钮"按钮，可以在工具栏上增加按钮，如图 5-9 所示。

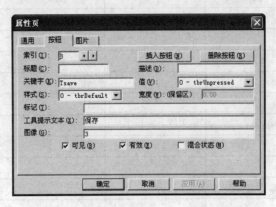

图 5-9　ToolBar 控件属性页的"按钮"选项卡

对话框中的主要属性：

- "索引（Index）"：表示每个按钮的数字编号，在 ButtonClick 事件中引用。
- "关键字（Key）"：表示每个按钮的标识名，在 ButtonClick 事件中引用。
- "样式（Style）"：按钮样式共 5 种，含义如表 5-9 所示。
- "图像（Image）"：ImageList 对象中的图像，它的值可以是图中的 Key 或 Index。
- "值（Value）"：表示按钮的状态，包括已按下（tbrPressed）和未按下（tbrUnpressed）两种状态，对样式 1 和样式 2 都有作用。

表 5-9　工具栏按钮样式

值	常　　数	说　　明
0	tbrDefault	普通按钮。按钮按下后恢复原态，如"新建"等按钮
1	tbrCheck	开关按钮。按钮按下后将保持按下状态，如"加粗"等按钮
2	tbrButtonGroup	编组按钮。一组按钮同时只能一个有效，如"右对齐"等按钮
3	tbrSepatator	分隔按钮。把左右的按钮分隔成其他按钮
4	tbrPlaceholder	占位按钮。方便安放其他控件，可设置按钮宽度（Width）
5	tbrDropdown	菜单按钮。具有下拉式菜单，如 Word 中的"字符缩放"按钮

本例中建立的 ToolBar 控件名为 ToolBar1，其中添加 15 个按钮，每个按钮的属性如表 5-10 所示。

表 5-10　工具栏按钮属性

索　引 （Index）	关键字 （Key）	样　式 （Style）	工具提示文本 （ToolTripText）	图　像 （Image）
1	Tnew	0	新建	1
2	Topen	0	打开	2
3	Tsave	0	保存	3
4	Sp1	3	说明：间隔	
5	Tcut	0	剪切	4

续表

索　引 （Index）	关 键 字 （Key）	样　式 （Style）	工具提示文本 （ToolTripText）	图　像 （Image）
6	Tcopy	0	复制	5
7	Tpaste	0	粘贴	6
8	Sp2	3	说明：间隔	
9	Tbold	1	加粗	7
10	Titalic	1	斜体	8
11	Tunderline	1	下画线	9
12	Sp3	3	说明：间隔	
13	Tleft	2	左对齐	Ileft
14	Tcenter	2	居中	Icenter
15	Tright	2	右对齐	Iright

⑤ 编写事件过程代码。

根据任务要求，在单击"按钮"时执行相应的功能，所以应该编写"工具栏按钮"的 ButtonClick 事件过程代码。

```
Private Sub Toolbar1_ButtonClick(ByVal Button As ComctlLib.Button)
    Select Case Button.Index
    Case 9
    RichTextBox1.SelBold = Not RichTextBox1.SelBold            '是否加粗
    Case 10
    RichTextBox1.SelItalic = Not RichTextBox1.SelItalic        '是否斜体
    Case 11
    RichTextBox1.SelUnderline = Not RichTextBox1.SelUnderline  '是否下画线
    Case 13
    RichTextBox1.SelAlignment = 0                              '左对齐
    Case 14
    RichTextBox1.SelAlignment = 2                              '居中
    Case 15
    RichTextBox1.SelAlignment = 1                              '右对齐
    End Select
End Sub
```
⑥ 保存程序，调试运行。

注　意

若要对 ImageList 控件进行增、删图像功能，必须先在 ToolBar 控件的"图像列表"框设置"无"，即与 ImageList 切断联系；否则 VB 提示无法对 ImageList 控件进行编辑。

5. 相关知识点归纳

（1）创建工具栏的步骤

① 在 ImageList 控件中添加所需的图像。

② 在 ToolBar 控件中创建 Button 对象。

③ 在 ButtonClick 事件中用 Select Case 语句对各按钮进行相应的编程。

（2）工具栏的事件

- 单击事件：ButtonClick，对应按钮样式为 0～2。
- 单击事件：ButtonMenuClick，对应按钮样式为 5 的菜单按钮。

6. 拓展知识介绍

① 用索引 Index 确定按钮，如此例。

② 用关键字 Key 确定按钮，如下程序段与此例程序段作用相同，仅用 Button.Key 代替 Button.Index。

```
Private Sub Toolbar1_ButtonClick(ByVal Button As ComctlLib.Button)
    Select Case Button.Key
        Case "TBoldf"
        RichTextBox1.SelBold = Not RichTextBox1.SelBold        '是否加粗
        Case "TItalic"
        RichTextBox1.SelItalic = Not RichTextBox1.SelItalic    '是否斜体
        Case "TUnderline"
        RichTextBox1.SelUnderline = Not RichTextBox1.SelUnderline '是否下画线
        Case "TLeft"
        RichTextBox1.SelAlignment = 0                          '左对齐
        Case "TCenter"
        RichTextBox1.SelAlignment = 2                          '居中
        Case "TRight"
        RichTextBox1.SelAlignment = 1                          '右对齐
        End Select
End Sub
```

5.4　状态栏设计

状态栏可以显示各种状态信息，VB 中的状态栏控件提供一个长方条，通常在窗体的底部。

1. 状态栏的含义

在图 5-1 中，如果希望在窗体的底部看到系统的时间及有关情况，则可用状态栏（Statusbar）进行设置。

2. 状态栏的作用

状态栏一般用来显示系统信息和对用户的提示。通过 StatusBar 控件，应用程序能显示各种状态数据。

3. 制作状态栏

为了使用此控件，应首先打开"部件"对话框，选中 Microsoft Windows Common Controls 6.0 选项，将控件添加到 VB 工具箱中。

如图 5-10 所示，窗体中有一个文本框：控件名称为 Text1，制作状态栏，要求在文本框中输入字符时显示光标位置。

4. 实现状态栏的功能

① 新建工程，添加窗体 Form1。

② 在窗体 Form1 中添加一个文本框控件：Tex1。并设置窗体和文本框的属性，其属性如表 5-11 所示。

图 5-10　状态栏应用示例

表 5-11　图 5-10 窗体控件属性

对　　象	属　　性	属 性 值
窗体	Name	Form1
	Caption	状态栏设计
文本框	Name	Text1
	FontSize	20
	MultiLine	True

③ 添加 Statusbar 控件。添加步骤如下：

a．打开"部件"对话框，选中 Microsoft Windows Common Controls 6.0 选项，将控件添加到 VB 工具箱中。

b．双击 Statusbar 控件，将其添加到窗体上，其默认名为 Statusbar1。

c．选中 Statusbar1，右击在弹出的快捷菜单中选择"属性"命令，然后在"属性页"对话框中选择"窗格"选项卡，就可进行图 5-11 所示的设计。

图 5-11　Statusbar 控件属性页的"窗格"选项卡

其中：

- "插入窗格"按钮：在状态栏增加新的窗格，最多可分成 16 个窗格。
- "索引"和"关键字"：分别表示每个窗格的编号与标识。
- "文本"：窗格上显示的文本。
- "浏览"：可插入图，图像文件的扩展名为.ico 或.bmp。

● "样式"：下拉列表框中的各项指定系统提供的显示信息。

本例中建立的 Statusbar 控件名为 Statusbar1，其中添加 6 个窗格，每个窗格的属性如表 5-12 所示。

表 5-12　图 5-10 状态栏控件属性

索　引 （Index）	样　式 （style）	文本和/或位图 （Text）	说　明
1	sbrText	光标位置	显示提示
2	sbrText		运行时获得当前光标位置的值
3	sbrDate		显示当前日期
4	sbrText	Time.bmp	显示当前时间和时钟图像
5	sbrCaps		显示大小写控制键的状态
6	sbrIns		显示插入控制键的状态

④ 编写事件过程代码。

根据任务要求，在文本框中输入字符时显示光标位置，编写"文本框"的 Chage 事件过程代码。

```
'运行时改变状态栏
Private Sub Text1_Change()
'当文本框内的内容变化时，当前光标位置在状态栏的第 2 个窗格中显示
StatusBar1.Panels(2).Text = Text1.SelStart
End Sub
```

⑤ 保存程序，调试运行。

5. 相关知识点归纳

状态栏窗格的样式属性如下：

● 0- sbrText：显示文本。

● 1-sbrCaps：显示大小写控制键的状态。

● 2- sbrNum：显示小数字键盘的状态。

● 3-sbrIns：显示插入控制键的状态。

● 4-sbrScrl：显示 Scroll Lock 键的状态。

● 5-sbrTime：显示当前时间。

● 6- sbrDate：显示当前日期。

5.5　通用对话框

在图形用户界面中，对话框是程序与用户进行交互的主要场所。它即可以输入信息，也可以显示信息。

1. 什么是通用对话框

在图 5-1 中，如果希望执行打开、保存等功能，可打开"打开"对话框和"另存为"对话框，如何实现其功能？一般实现这个功能的是通用对话框控件——Microsoft Common Dialog Control 6.0。

2．通用对话框的作用

通用对话框是 VB 提供的一组基于 Windows 的常用的标准对话框界面，可以充分利用通用对话框（Common Dialog）控件在窗体上创建 6 种标准对话框，它们分别为打开（Open）、另存为（Save As）、颜色（Color）、字体（Font）、打印机（Printer）和帮助（Help）对话框，从而可以提高程序设计的效率。

3．使用通用对话框

为了使用此控件，应首先打开"部件"对话框，选中 Microsoft Common Dialog Control 6.0 选项，将控件添加到 VB 工具箱中。

如图 5-12 所示的窗体中有四个命令按钮："打开"（控件名称为 Cmdopen）、"保存"（控件名称为 Cmdsave）、"字体"（控件名称为 Cmdfont）和"颜色"（控件名称为 Cmdcolor）；有一个通用对话框控件（控件名称为 CommonDialog1）和一个文本框（控件名称为 Text1，MultiLine 属性为 True）。当单击各命令按钮时，执行的事件的功能：打开相应的对话框并执行相应的功能。

4．实现通用对话框的功能

① 新建工程，添加窗体 Form1。

② 在窗体 Form1 中添加四个命令按钮：CmdOpen、CmdSave、CmdFont 和 CmdColor；一个文本框：Text1。

③ 添加通用对话框。其步骤如下：

a. 选择"工程" | "部件"命令，打开"部件"对话框，如图 5-13 所示。

b. 选中 Microsoft CommonDialog Control 6.0 选项，单击"确定"按钮。

c. 双击 CommonDialog 控件添加到窗体上。所有控件的属性如表 5-13 所示。

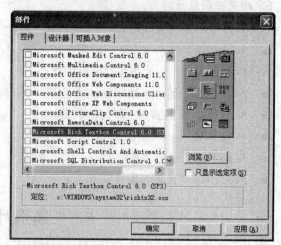

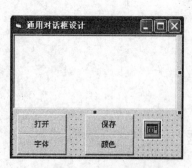

图 5-12　通用对话框设计　　　　　　图 5-13　"部件"对话框

表 5-13　图 5-12 窗体控件属性

对　　象	属　　性	属　性　值
窗体	Name	Form1
	Caption	通用对话框设计

续表

对　　象	属　　性	属　性　值
文本框	Name	Text1
	Multiline	True
通用对话框	Name	CommonDialog1
命令按钮	Name	CmdOpen
	Caption	打开
命令按钮	Name	CmdSave
	Caption	保存
命令按钮	Name	CmdFont
	Caption	字体
命令按钮	Name	CmdColor
	Caption	颜色

④ 编写事件过程代码。

根据任务要求，在单击命令按钮时执行相应的功能，所以应该编写四个命令按钮的单击（Click）事件过程代码。

```
Private Sub cmdfont_Click()
    CommonDialog1.Flags = cdlCFBoth Or cdlCFEffects
    CommonDialog1.Action = 4                              '打开字体对话框
    Text1.Font = CommonDialog1.FontName                  '设置文本框字体
    Text1.FontSize = CommonDialog1.FontSize
    Text1.FontBold = CommonDialog1.FontBold
    Text1.FontItalic = CommonDialog1.FontItalic
    Text1.FontUnderline = CommonDialog1.FontUnderline
    Text1.ForeColor = CommonDialog1.Color
End Sub
Private Sub cmdopen_Click()
    CommonDialog1.Action = 1                              '打开打开对话框
    Text1.Text = ""
    Open CommonDialog1.FileName For Input As #1           '打开文件读出数据
    Do While Not EOF(1)
        Line Input #1,inputdata
        Text1.Text = Text1.Text + inputdata + vbNewLine   '文件数据显示在文本框上
    Loop
    Close #1                                              '关闭文件
End Sub
Private Sub cmdsave_Click()
    CommonDialog1.FileName = "Default.txt"                '设置缺省文件名
    CommonDialog1.DefaultExt = "txt"                      '设置缺省扩展名
    CommonDialog1.Action = 2                              '打开另存为对话框
    Open CommonDialog1.FileName For Output As #1          '打开文件供写入数据
    Print #1,Text1.Text
    Close #1                                              '关闭文件
End Sub
```

⑤ 保存程序，调试运行。

5. 相关知识点归纳

（1）通用对话框的属性

除 Name、Index、Left 和 Top 属性外还有以下属性：

① Action 功能属性：直接决定显示何种类型的对话框。

0—None：无对话框显示。

1—Open：显示文件对话框。

2—Save As：显示另存为对话框。

3—Color：显示颜色对话框。

4—Font：显示字体对话框。

5—Printer：显示打印机对话框。

6—Help：调用帮助对话框。

注　意

该属性不能在属性窗口内设置，只能在程序中赋值，用于调用相应的对话框。

② DialogTitle（对话框标题）属性：该属性是通用对话框标题属性，可以是任意字符串。

③ CancelError 属性：该属性表示用户在与对话框进行信息交互时，单击"取消"按钮时是否产生出错信息。

True：表示单击对话框中"取消"按钮时，系统便会出现错误警告。

False（默认）：表示单击对话框中的"取消"按钮时，系统不会出现错误警告。

对话框被打开后，有时为了防止用户在未输入信息时使用取消操作，则可用该属性设置出错警告。当该属性设为 True 时，对"取消"按钮进行操作，系统自动将错误标志 Err 设置为 32 755（CDERR–CANCEL），供程序判断。该属性值在属性窗口及程序中均可设置。

（2）通用对话框的方法

在实际应用中，除了可以通过对通用对话框中的 Action 属性设置显示对话框的类型外，还可以使用 VB 提供的一组方法来打开不同类型的通用对话框。这些方法如下：

- ShowOpen：显示打开对话框。
- ShowSave：显示另存为对话框。
- ShowColor：显示颜色对话框。
- ShowFont：显示字体对话框。
- ShowPrinter：显示打印机对话框。
- ShowHelp：显示帮助对话框。

如果在程序中有以下语句，运行时系统就会弹出"打开"对话框。

```
Commondialog1.ShowOpen 或 Commondialog1.Action = 1
```

（3）打开对话框

如图 5-14 所示，在程序运行时，通用对话框的 Action 属性被设置为 1，就会弹出"打开"对话框。"打开"对话框并不能真正打开一个文件，它仅仅提供一个用来打开文件的用户界面，供用户选择所要打开的文件，打开文件的具体工作还要通过具体编程来实现。

图 5-14 "打开"对话框

对于"打开"对话框，需要设置的属性如下：

- FileName（文件名称）属性：在程序中可用该属性值设置或返回用户所选定的文件名（包含路径）。
- FileTitle（文件标题）属性：在程序中可用该属性值设置或返回用户所选定的文件名（不包含路径）。
- Filter（过滤器）属性：确定文件列表框中所显示文件的类型，该属性的值显示在"文件类型"列表框中。如设置其值为：

  Cocuments(*.doc)|*.doc|Text Files(*.txt)|*.txt|All Files|(*.*)

  那么在"文件类型"列表框中显示以下三种文件类型以供用户选择：

  Cocuments(*.doc)：扩展名为 doc 的 Word 文件。

  Text Files(*.txt)：扩展名为 txt 的文本文件。

  All Files|(*.*)：所有文件。

- FilterIndex（过滤器索引）属性：为整型值，表示用户在文件类型列表框中选择的第几组文件类型。
- InitDir（初始化路径）属性：该属性用来指定"打开"对话框中的初始目录。若不设置，系统默认为"C:\My Documents\"。
- DefaultExt 属性：为字符型，用于确定保存文件的缺省扩展名。
- CancelError 属性：为逻辑型值，表示用户与对话框进行信息交换时，单击"取消"按钮时是否产生出错信息。

（4）"另存为"对话框

"另存为"对话框是当 Commondialog 的 Action 属性为 2 时的通用对话框。它为用户在存储文件时提供了一个标准的用户界面，供用户选择或输入所要存入文件的驱动器、路径和文件名。同样，它并不能提供真正的存储文件操作，储存文件的操作需要编程来实现。

"另存为"对话框所涉及的属性基本上和"打开"对话框一样，只是还有一个 DefaulText 属性，它表示所存文件的默认扩展名。

（5）"颜色"对话框

如图 5-15 所示，"颜色"对话框是当 Commondialog 的 Action 属性为 3 时的通用对话框，供用户选择颜色。其中 Color 属性是它的重要属性，用来返回或设置选定的颜色。

（6）"字体"对话框

如图 5-16 所示，"字体"对话框是当 Action 属性为 4 时的通用对话框，供用户选择字体、字号及字体样式等。"字体"对话框有以下重要属性：

- Color 属性：设置字体的颜色。
- FontName 属性：设置字体类型。
- FontSize 属性：设置字体的大小。
- FontBold、FontItalic、FontStrikethru、FontUnderline 属性：设置字体的特效。
- Min、Max 属性：设置字体的大小范围。
- Flags 属性：设置所显示的字体类型，数据类型为 Long。

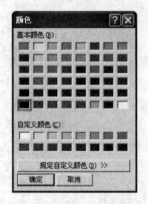

图 5-15 "颜色"对话框

图 5-16 "字体"对话框

> **注 意**
>
> 在显示"字体"对话框前，必须先将 Flags 属性设置为 cdlCFScreenFonts、cdlCFPrinterFonts 或 cdlCFBoth；否则，会发生字体不存在的错误。

（7）"打印"对话框

如图 5-17 所示，"打印"对话框是当 Action 属性为 5 时的通用对话框，是一个标准打印对话窗口界面，"打印"对话框并不能处理打印工作，仅仅是一个供用户选择打印参数的界面，所选参数存于各属性中，再通过编程来处理打印操作。

对于"打印"对话框，除了基本属性之外，还有以下重要属性：

- Copies（打印份数）属性。
- FromPage（起始页号）、Topage（终止页号）属性。
- Orientation（确定纵向或横向打印）属性。

（8）"帮助"对话框

"帮助"对话框是当 Action 属性为 6 时的通用对话框，是一个标准的帮助窗口界面，可以用于制作应用程序的在线帮助。但"帮助"对话框并不能制作应用程序的帮助文件，只能将已制作好的帮助文件从磁盘中提取出来，并与界面连接，达到显示并检索帮助信息的目的。

图 5-17 "打印"对话框

对于"帮助"对话框，除了基本属性之外，另外有以下重要属性：

- HelpCommand（帮助命令）属性：用于返回或设置需要的在线 Help 帮助类型。
- HelpFile（帮助文件）属性：用于指定已制作好的帮助文件的路径及文件名。
- HelpKey（帮助关键字）属性：用于指定帮助信息的内容，帮助窗口中显示由该帮助关键字指定的帮助信息。
- HelpContext（帮助上下文）属性：用于显示所指定的帮助信息。

5.6 RichTextBox 控件

对于文本框控件，只能进行单一的文字格式设置，而富文本框（RichTextBox）控件可用于输入和编辑文本，它同时提供了比常规的文本框控件更高级的格式特性。

1．RichTextBox 控件的定义

在图 5-1 中，如果希望实现多种文字格式的设置，使用文本框控件是不可能实现的，那么应该如何实现此功能？一般用于完成这个任务的是富文本框——RichTextBox 控件。

2．RichTextBox 控件的作用

RichTextBox 控件可用于输入和编辑文本，它提供了比常规 TextBox 控件更高级的格式特性。

从第 4 章知道，对文本框控件只能进行单一的文字格式设置。使用 RichTextBox 控件可以实现多种格式、段落等的设置，可真正构成一个像 Word 功能一样的字处理软件。

3．使用 RichTextBox 控件

要使用 RichTextBox 控件，必有先打开"部件"对话框，选择 Microsoft Rich TextBox Controls 6.0 选项将控件添加到工具栏。

如图 5-18 所示，窗体中有一个富文本框，控件名称为 RichTextBox1，制作工具栏，要求实现工具栏上按钮的功能。

此问题与图 5-6 所示问题相似，只需要在工具栏上添加一个组合框（ComboBox）控件，在窗体上添加一个通用对话框控件即可。同时都实现新建、打开、保存、剪切、复制和粘贴功能。

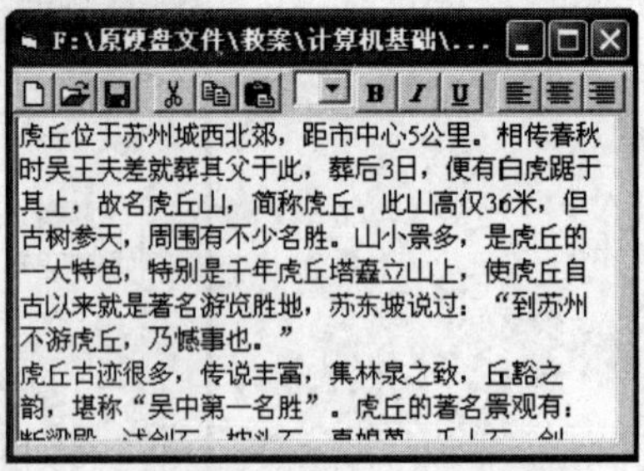

4. 实现富文本框功能

① 新建工程，添加窗体 Form1。

② 添加一个工具栏，在其上新增加一个组合框控件，其名称为 Combo1，List 属性为 12、16、20、24、28、32、36；再增加一个通用对话框，其名称为 Commondialog1；

③ 设置工具栏的属性，见 5.3 节。

④ 设置通用对话框属性，见 5.5 节。

⑤ 添加一个富文本框，其属性设为默认属性。

⑥ 编写事件过程代码。

图 5-18　富文本框

根据任务要求，是在单击"按钮"时执行相应的功能，所以应该编写"工具栏按钮"的 ButtonClick 事件过程代码。

```
Sub LoadNewDoc()                                    '新建过程
    Static lDocumentCount As Long
    Dim frmD As Form1
    lDocumentCount = lDocumentCount + 1
    Set frmD = New Form1
    frmD.Caption = "Form " & lDocumentCount
    frmD.Show
End Sub
Sub OpenFile()                                      '打开过程
    Dim sFile As String
      With CommonDialog1
        .DialogTitle = "打开"
        .CancelError = False
        .Filter = "所有文件 (*.*)|*.*"
        .ShowOpen
        If Len(.FileName) = 0 Then
            Exit Sub
        End If
        sFile = .FileName
    End With
    RichTextBox1.LoadFile sFile
    Form1.Caption = sFile
End Sub
Sub SaveFile()                                      '保存过程
  Dim sFile As String
    If Left$(Form1.Caption,4) = "富文本框" Then
        With CommonDialog1
            .DialogTitle = "保存"
            .CancelError = False
            .Filter = "所有文件 (*.*)|*.*"
            .ShowSave
        If Len(.FileName) = 0 Then
```

```
                Exit Sub
            End If
            sFile = .FileName
        End With
    RichTextBox1.SaveFile sFile
    Else
        sFile = Form1.Caption
        RichTextBox1.SaveFile sFile
    End If
    End
End Sub
Sub Cut()                                        '剪切过程
    Clipboard.SetText RichTextBox1.SelText
    RichTextBox1.SelText = ""
End Sub
Sub Copy()                                       '复制过程
    Clipboard.SetText RichTextBox1.SelText
End Sub
Sub Paste()                                      '粘贴过程
    RichTextBox1.SelText = Clipboard.GetText
End Sub
    Private Sub Combo1_Click()                   '设置字号
    RichTextBox1.SelFontSize = Val(Combo1.Text)
    End Sub
Private Sub Toolbar1_ButtonClick(ByVal Button As ComctlLib.Button)
    Select Case Button.Index
      Case 1
       LoadNewDoc                                '新建
      Case 2
       OpenFile                                  '打开
      Case 3
       SaveFile                                  '保存
      Case 5
        Cut                                      '剪切
      Case 6
        Copy                                     '复制
      caase 7
        Paste                                    '粘贴
      Case 9
      RichTextBox1.SelBold = Not RichTextBox1.SelBold          '是否加粗
      Case 10
      RichTextBox1.SelItalic = Not RichTextBox1.SelItalic      '是否斜体
      Case 11
      RichTextBox1.SelUnderline = Not RichTextBox1.SelUnderline '是否下画线
      Case 13
      RichTextBox1.SelAlignment = 0              '左对齐
      Case 14
      RichTextBox1.SelAlignment = 2              '居中
      Case 15
      RichTextBox1.SelAlignment = 1              '右对齐
      End Select
End Sub
```

⑦ 保存程序，调试运行。

5. 相关知识点归纳

（1）RichTextBox 控件的文件操作方法

用 LoadFile 和 SaveFile 方法可以方便地为 RichTextBox 控件打开或保存文件。

① LoadFile 方法：能够将 TRF 文件或文本文件装入控件。

形式：对象.LoadFile　文件标识符[,文件类型]。

其中：文件类型取值为 0 或 rtfRTF 时为 TRF 文件（默认）；取 1 或 rtfTEXT 为文本文件。

例如，在多文档界面下打开过程（FileOpen），用来打开 RTF 或 TXT 文件。利用 CommonDialog 控件提供路径名如下：

```
Private Sub FileOpen ()
    If frmMDI.AvciveForm Is Nothing then LoadNewDoc        '若无子窗体则新建
    With frmMDI.AvciveForm
        .CommonDialog1.Filter="RTF 文件(*.rft)｜(*.rft)|TXT 文件(*.txt)｜(*.txt)"
        .CommonDialog1.Action=1
        If .CommonDialog1.FilterIndex=1Then                'RTF 格式文件
            .RichTextBox1.Loadfile.commondialog1.FileName
        Else                                               'TXT 格式文件
            .RichTextBox1.Loadfile.commondialog1.FileName,1
        End IF
        .Caption=.Commondialog1.FileName              '文件名显示在子窗体标题栏
    End With
End Sub
```

② SaveFile 方法：能够将控件中的文档保存为 RTF 格式文件或文本文件。

形式：对象.Savefile(文件标识符[,文件类型])。

完整的保存文件的 FileSave 过程可参照 FileOpen 过程，读者可自己完成。

（2）RichTextBox 控件的常用格式化属性。

如表 5-14 所示列出了常用格式化属性。

表 5-14　格式化属性

分　类	属　　性	值类型	说　明
选中文本	SelText　SelStart　SelLength	—	同 Text 控件对应属性
字体、字号	SelFontName　SelFontSize	—	同 Text 控件对应属性
字型	SelBold　　SelItalic SelUnderline　SelStrikethru	逻辑量	粗体　斜体 下画线　删除线
上、下标	SelCharOffset	整型	>0 上标　<0 下标
颜色	SelColor	整型	
缩排	SelIndent　SelRightIndent SelHangingInden	数值型	单位由 ScalMode 决定
对齐方式	SelAlignment	整型	0 左 1 右 2 中

　　命令按钮的基本属性有：Name、Height、Width、Top、Left、Enabled、Visible、Font 等，与窗体相应属性的使用方法相同。

　　此命令按钮的效果相同。

（3）RichTextBox 控件的应用

- 利用工具栏格式化操作，如上例。
- 利用菜单命令格式化操作。

若要选择"格式化" | "字体"命令，对选中的文本进行格式化，程序段如下：

```
Private Sub mnufont_Click()
    With frmMDI.ActiveForm.CommonDialog1
.Flags=cdlCFBoth+cdlCFEffects
.Action=4                               '打开字体对话框
End With
With frmMDI.ActiveForm.RichTextBox1
'将字体对话框设置的字体作用于 RichTextBox1 控件选中的文本
.SelFontName= CommonDialog1.FontName
.SelFontSize= CommonDialog1.FontSize
.SelItalic= CommonDialog1.FontItalic
.SelUnderline= CommonDialog1.Fontunderline
.SelStrikeThru= CommonDialog1.FontStrikethru
End With
    End Sub
```

> **注 意**
>
> 若要将选中文本的格式在"打开"对话框中显示，则在打开"字体"对话框前，将 RichTextBox1 控件选中的文本格式赋值给 CommonDialog 控件对应的属性。例如字号属性设置为：
> CommonDialog1.FontSize=RichTextBox1.FontSize

5.7　多文档界面（MDI）

多文档界面（Multiple Document Interface，MDI）可以同时打开多个文档，它简化了文档之间的信息交换。

1. 多文档界面

在图 5–1 中，如果希望在文本编辑器窗口中显示多个窗口，那么应该怎样实现此功能？一般用于完成这个任务的是多文档界面——MDI（Multiple document Interface）。

多文档界面允许创建在单个容器窗体中包含多个窗体的应用程序。绝大多数基于 Windows 的大型应用程序都是多文档界面，如 Microsoft Word 和 Microsoft Excel 等。

2. 多文档界面的组成

多文档界面由父窗体和子窗体组成，父窗口或 MDI 窗体作为子窗口的容器；子窗口（或称文档窗口）显示各自文档，所有窗口具有相同功能。

3. 多文档界面的特性

① 所有子窗体均显示在 MDI 窗体的工作区中。用户可改变、移动子窗体的大小，但会被限制在 MDI 窗体中。

② 当最小化子窗体时，它的图标将显示于 MDI 窗体上而不是在任务栏中；当最小化 MDI 窗体时，所有的子窗体也被最小化，只有 MDI 窗体的图标出现在任务栏中。

③ 当最大化一个子窗体时，其标题与 MDI 窗体的标题一起显示在 MDI 窗体的标题栏上。

④ MDI 窗体和子窗体可以有各自的菜单，当子窗体加载时覆盖 MDI 窗体的菜单。

4．创建多文档界面

如图 5-19 所示，界面中有一个父窗体：名称 FrmMDI，标题为"MDI 窗体"；一个子窗体，名称为 FrmDocument，MDIChild 属性为 True；有菜单栏、工具栏、状态栏、组合框和通用对话框，其名称属性都是默认值。要求选择"文件"|"新建"命令时，新建一个子窗体；选择"窗口"|"平铺"、"层叠"、"垂直平铺"、"排列图标"菜单时，执行相应的功能。

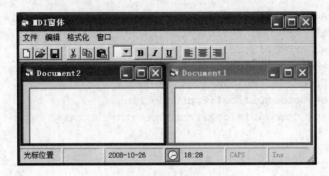

图 5-19　多文档界面

5．实现命令按钮的功能

① 新建工程。

② 添加 MDI 窗体 FrmMDI。添加方法为：选择"工程"|"添加 MDI 窗体"命令，选中 MDI 窗体，单击"打开"按钮即可。

③ 在窗体 FrmMDI 中添加一个工具栏、状态栏、组合框和通用对话框。FrmMDI 窗体属性如表 5-15 所示。

表 5-15　图 5-19 父窗体控件属性

对　象	属　性	属 性 值
窗体	Name	FrmMDI
	Caption	MDI 窗体
富文本框	Name	RichTextBox1
	Text	

④ 在窗体 FrmMDI 上设置菜单，菜单的内容如表 5-16 所示。

表 5-16　图 5-19 父窗体菜单属性

分　类	标　题	名　称
主菜单项 1	文件	MnuFile
子菜单项 1	新建	MnuFileNew
子菜单项 2	打开	MnuFileOpen
子菜单项 3	退出	MnuFileExit

续表

分　类	标　题	名　称
主菜单项 2	编辑	MnuEdit
子菜单项 1	剪切	MnuEditcut
子菜单项 2	复制	MnuEditCopy
子菜单项 3	粘贴	MnuEditPaste
主菜单项 3	格式化	MnuFoarmat
子菜单项	字体	MnuFont
主菜单项 4	窗口	MnuWindows
子菜单项 1	平铺	MnuWindows1
子菜单项 2	层叠	MnuWindows2
子菜单项 3	重直平铺	MnuWindows3
子菜单项 4	排列图标	MnuWindows4

⑤ 添加子窗体 Frmdocument，其属性如表 5–17 所示。

表 5-17　图 5-19 子窗体控件属性

对　象	属　性	属　性　值
窗体	Name	Frmdocument
	Mdichild	True
	Caption	Form1

⑥ 编写事件过程代码。

根据任务要求，在单击各菜单和工具栏按钮时执行相应的功能，所以应该编写各菜单项的单击（Click）事件过程代码及工具栏按钮的 ButtonClick 事件过程代码（略）。

```
Public no As Integer                           '声明变量
Private Sub mnuFileNew_Click()                 '新建窗体
    Dim newdoc As New FrmDocument
    no = no + 1
    newdoc.Caption = "Document" & no
    newdoc.Show
End Sub
Private Sub mnuWindows1_Click()                 '水平平铺窗口
    frmMDI.Arrange 1
End Sub
Private Sub mnuWindows2_Click()                 '层叠窗口
    frmMDI.Arrange 0
End Sub
Private Sub mnuWindows3_Click()                 '垂直平铺窗口
    frmMDI.Arrange 2
End Sub
Private Sub mnuWindows4_Click()                 '排列图标
    frmMDI.Arrange 3
End Sub
```

⑦ 保存程序，调试运行。

6. 相关知识点归纳

（1）创建和设计 MDI 窗体及子窗体的方法

开发多文档界面的一个应用程序至少需要两个窗体：一个（只能一个）MDI 窗体和一个（若干个）子窗体。在不同窗体中共用的过程、变量应存在标准模块中。

① 创建和设计 MDI 窗体：要建立一个 MDI 窗体，选择"工程"|"添加 MDI 窗体"命令即可。设计 MDI 窗体时需要建立工具栏、状态栏等。

② 创建和设计子窗体：要建立一个子窗体，应新建一个新的普通窗体，然后将它的 MDIChild 属性设置为 True。创建以文档为中心的应用程序，为了在运行时建立若干个子窗体以存取不同的文档，一般先创建一个子窗体作为这个应用文档的模板，然后通过对象变量来实现。如下：

```
Public no As Integer                           '声明变量
Private Sub mnuFileNew_Click()                 '新建窗体
    Dim newdoc As New FrmDocument
    no = no + 1
    newdoc.Caption = "Document" & no
    newdoc.Show                                '显示子窗体
    End Sub
```

设计子窗体时需要添加一些所需的控件。

（2）MDI 窗体与子窗体的交互

① 活动子窗体和活动控件：在 VB 中，提供了访问 MDI 窗体的两个属性，即 ActiveForm 和 ActiveControl，前者表示具有焦点或者最后被激活的子窗体，后者表示活动子窗体上具有焦点的控件。

例如：假设要从子窗体的文本框中把所选文本复制到剪贴板上，在应用程序的"编辑"菜单上有一个"复制"菜单项，它的 Click 事件将会调用 CopyProc，把选定的文本复制到剪贴板的过程代码如下：

```
Sub CopyProc()
    Clipboard.SetText FrmMDI.ActiveForm.Activecontrol.SelText
End Sub
```

 注 意

当访问 ActiveForm 属性时，至少应有一个 MDI 子窗体被加载或可见；否则会返回一个错误提示。

在代码中指定当前窗体的另一种方法是用 Me 关键字。用 Me 关键字来引用当前代码正运行的窗体。例如，关闭当前窗口，语句为：Unload ME。

② 显示 MDI 窗体及其子窗体：方法是 Show。

加载子窗体时，其 MDI 窗体会自动加载并显示。而加载 MDI 窗体时，其子窗体不会自动加载。MDI 窗体中的 AutoShowChildren 属性，决定是否自动显示子窗体。如果设置为 True，则当改变子窗体的属性后，会自动显示该子窗体，不再需要 Show 方法；如果设置为 False，则改变子窗体的属性后，不会自动显示该子窗体，子窗体处于隐藏状态直至用 Show 方法将它们显示出来。MDI 子窗体没有 AutoShowChildren 属性。

③ MDI 窗体中的窗口菜单。

大多数 MDI 应用程序都有"窗口"菜单，在子窗体有层叠、平铺和垂直平铺等命令。此命令通常可通过 Arrage 方法来实现的。Arrage 方法的形式：MDI 窗体对象.Arrage 排列方式，排列方式如表 5-18 所示。

表 5-18 窗口排列方式

常　　数	值	描　　述	常　　数	值	描　　述
vbCascade	0	层叠所有非最小化	vbTileVertical	2	垂直平铺非最小化
vbTileHorizontal	1	水平平铺所有非最小化	vbArrageIcons	3	重排最小化

如层叠子窗体的程序：frmMDI.Arrage vbCascade 或 frmMDI.Arrage 0，都是层叠子窗体。

注　意

为了提高 MDI 窗体的性能，应注意以下事项：

① 应尽量少使用 MDI 子窗体。因为每加载一个子窗体，就要占用较多的内存及系统资源。

② 在 MDI 应用程序的设计中，若在子窗体中应尽量用 Me 关键字表示当前窗体，而在 MDI 窗体中则使用 ActiveForm。

③ 当子窗体菜单项、MDI 菜单项或工具栏都要执行相同的功能时，应以过程的形式并存放在标准模块（Moudel）中，供各模块共享。

④ 把整个应用程序中所使用的不可视控件（如 Timer、Common Dialog）放在 MDI 窗体上，使子窗体可以使用这些控件。

5.8　实现文本编辑器的具体方法

【任务实现】实现图 5-1 中的文本编辑界面。

提　示

先添加 MDI 窗体，在 MDI 窗体上建立工具栏，状态栏、菜单栏；再添加子窗体，在子窗体上添加下一个 RichTextBox 控件；设置完它们的属性后，再进行编程。

第一种方法：根据 5.2～5.7 节的内容，读者可自己设计。

第二种方法：根据应用程序向导实现功能。

① 选择"文件"|"新建工程"命令，打开"新建工程"对话框，选择"VB 应用程序向导"图标选项，如图 5-20 所示。

② 选择操作界面，行多文档界面，如图 5-21 所示。

③ 选取菜单和菜单项。

向导提供了文件、编辑、视图、工具、窗口、帮助六个菜单，每个菜单中有若干个子菜单项，如图 5-22 所示。用户可自由选取、取消某个菜单或子菜单项。

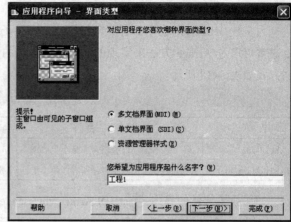

图 5-20　VB 应用程序向导　　　　　　　　图 5-21　选择应用程序向导

④ 选取工具栏按钮。

同样应用程序向导提供的工具栏中的 13 个按钮（除分隔按钮外），如图 5-23 所示。用户也可根据需要增加或删除按钮。

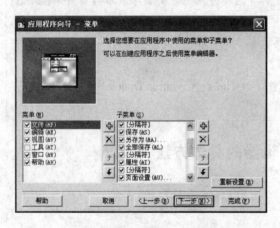

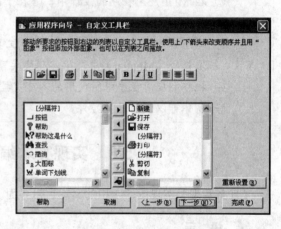

图 5-22　选取菜单及子菜单项　　　　　　　图 5-23　选取工具栏按钮

⑤ 单击"完成"按钮。

⑥ 编写代码。

⑦ 调试运行。

⑧ 设计保存。

> **注 意**
>
> 向导中还提供了加入其他窗体的提示，使用应用程序更好；还提供了与数据库的链接。说明：
>
> ① 当使用向导的过程中，任何时候单击"完成"按钮，表示以默认方式快速生成应用程序。
>
> ② 生成的应用程序主要节省了用户设计界面的工作量，其仅完成了应用程序的框架，很多过程还是要用户根据实际问题加以完善。

本 章 小 结

用户界面是人与计算机之间交互的媒介，用户界面与计算机进行信息交换。用户界面的质量直接关系到应用系统的性能能否得到充分发挥，以及能否让用户准确、高效、轻松地工作，所以程序的友好性、易用性对软件系统是至关重要的。编制软件系统时，第一步是设计界面，因此我们应该熟练掌握所有界面的设计过程和方法。

本章主要介绍菜单、工具栏、状态栏、通用对话框、富文本框及多文档界面等复杂界面所需对象的设计方法，学习了利用此类控件设计用户复杂界面有关的概念、方法和技巧以及把一个 ActiveX 控件添加到工具箱上的方法等基本知识，并通过一个实例加深对 VB 开发复杂用户界面的理解。通过本章的学习，可以进行复杂的 VB 程序设计，为以后的设计打下基础。

设计用户界面的一般步骤如下：

① 新建工程。

② 添加 MDI 窗体。

③ 根据需要在 MDI 窗体中添加菜单、工具栏、状态栏、通用对话框等对象。

④ 添加子窗体。

⑤ 根据需要在子窗体中添加所需控件。

⑥ 设置每个窗体及每个窗体上控件的相关属性值。

⑦ 根据问题要求，编写相应控件的事件过程代码。

⑧ 调试运行，保存程序。

实 战 训 练

一、选择题

1. 在下列程序中，不论使用鼠标右键还是左键，弹出菜单中的菜单项都响应鼠标单击的是（　　）。

A. Sub Form_MouseDown(Button As Integer,Shift As Integer,X As Single,Y As Single)

  If Button=2 Then PopupMenu Menu_Test,2

  End Sub

B. SubForm_MouseDown(Button As Integer,Shift As Integer,X As Single,Y As Single)

  PopupMenu Menu_Test,0

  End Sub

C. Sub Form_MouseDown(Button As Integer,Shift As Integer,X As Single,Y As Single)

  PopupMenu Menu_Test 1

  End Sub

D. Sub Form_MouseDown(Button As Integer,Shift As Integer,X As Single,Y As Single)

  If (Button=Visual BasicLeftButton) Or (Button=Visual BasicRightButton) Then

    PopupMenu Menu_Test

  End Sub

2. 工具栏使用（　　）将图形保存并添加到工具栏中。

    A．ImageList　　　　　B．Image　　　　　　C．Picture　　　　　　D．Shape

3. 要在工具栏按钮上显示文字，是通过 Toolbar 控件的"属性页"对话框上的"按钮"选项卡中的（　　）属性实现。

    A．标题　　　　　　　B．关键字　　　　　　C．样式　　　　　　　D．工具提示文本

4. 要实现在状态栏显示时间，需要将相应面板的样式属性设为（　　）。

    A．SbrDate　　　　　B．Sbrtime　　　　　　C．SbrScrl　　　　　　D．SbrText

5. 一个 StatusBar 控件最多可以有（　　）个 Panel 对象，每一个 Panel 对象都可包含文本和（或）图片。

    A．16　　　　　　　　B．12　　　　　　　　C．14　　　　　　　　D．10

6. 在窗体中添加一个通用对话框，其名称为 CommonDialog1，然后再添加一个命令按钮，并编写如下事件过程代码：

```
Private Sub Command1_Click( )
CommonDialog1.Flags=vbOFNHideReadOnly
CommonDialog1.Filter="ALL Files(*.*)|*.*|Text Files(*.txt)|*.txt| _
 Batch Files(*.bat)|*.bat"
CommonDialog1.FilterIndex=1
CommonDialog1.ShowOpen
Msgbox CommonDialog1.FileName
End Sub
```

程序运行后，单击命令按钮，将显示一个"打开"对话框，此时在"文件类型"下拉列表框中显示的是（　　）。

    A．ALL Files(*.*)　　　　　　　　　　B．Text Files(*.*)

    C．Batch Files(*.bat)　　　　　　　　D．ALL Files(*.*)|Text Files(*.*)

7. 假设在窗体中添加了一个通用对话框，名称为 CoomonDialog1，然后用语句 CommonDialog1.Action=2 建立一个对话框，那么在下列语句中，与该语句等价的是（　　）。

    A．Commondialog1.ShowOpen　　　　　B．Commondialog1.ShowSave

    C．Commondialog1.ShowColor　　　　　D．Commondialog1.ShowPrint

二、填空题

1. 如果建立菜单时在标题文本框中仅输入一个_____，那么显示时形成一个分隔线。

2. 菜单的热键是指使用_____键和菜单项标题中的一个字符组合来打开菜单。建立热键的方法是，在菜单标题的某个字符前加上一个_____符号，则菜单中这一字符自动加上_____，表示该字符是热键字符。

3. 建立弹出式菜单通常有两步完成：首先用_____建立菜单，然后用 PopupMenu 方法弹出显示。

4. 为了使用工具栏和状态栏控件，应首先选中打开的"部件"对话框，将_____控件添加到 Visual Basic 工具箱中。

5. 填空完成以下程序：

```
Private Sub Toolbar1_ButtonClick(ByVal Button As MSComctlLib.Button)
Select Case _____
Case "New"
Form1.CommonDialog1.ShowNew
```

```
    Case "Open"
    Form1.CommonDialog1.ShowOpen
    End Select
    End Sub
```

6. 执行 CommonDialog1.Filter = "ALL Files(*.*)|*.exe|Text Files" & "(*.txt)*.txt|*.doc|*.doc"语
   句后，对话框中显示的文件类型应该为_____。

三、操作题

如图 5-24 所示，该程序是一个文本编辑程序。界面中有一个父窗体：名称 FrmMDI，标题
为"MDI 窗体"，在该窗体上有菜单栏（文件菜单有：新建、打开、保存和退出子菜单；编辑
菜单有：剪切、复制、粘贴子菜单；格式化菜单有：字体和颜色子菜单；窗口菜单有：平铺、
层叠、垂直平铺和排列图标子菜单）、工具栏、状态栏、组合框和通用对话框属性都是默认值；
一个子窗体，其名称为 FrmDocument，其 MDIChild 属性为 True；在子窗体上添加一个 RichTextBox
控件，要求单击菜单及工具栏按钮时，执行相应的功能。

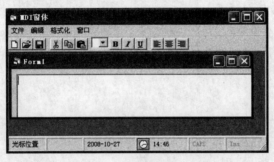

图 5-24　文档编辑界面应用

> **提 示**
>
> 先添加 MDI 窗体，在它上面添加菜单项、工具栏、状态栏、通用对话框及组合框，在组
> 合框的 List 属性中设置字号的大小；再添加子窗体，在其上面添加一个 RichTextBox 控件，在
> 菜单的单击（Click）事件及工具栏的 ButtonClick 事件过程中进行编程。

第 6 章

图形处理

学习目标：

- 进行图形控件的属性设置与使用
- 掌握图形控件的常用事件、方法的使用
- 掌握图形方法的使用

能力目标：

- 根据不同需求设置图形控件属性的能力
- 编写常用图形程序代码的能力
- 绘制一般图形的能力

6.1 如何在控件中画图

【任务描述】如图 6-1 所示，建立一个工程，在窗体上有两个命令按钮，一个图片框，要求单击标题为"正弦"的命令按钮，在图片框中画一个坐标轴和一条正弦曲线。那么，怎样设计实现这样的用户界面？本章就来学习这方面的知识。

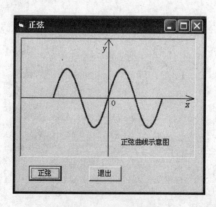

图 6-1　正弦曲线

【任务效果】在图 6-1 中是正弦曲线示意图的效果图，从中可以看出，其中包含 VB 的常用图形控件：图形框；包含 VB 图形操作基础；坐标轴的画法以及图形的方法。要实现此界面的功能应先掌握图形控件及图形方法。

6.2 图形操作基础

1. 坐标系统的定义

在图 6-1 中显示一个坐标系统。在绘制图形时，图形的大小与位置至关重要。不仅如此，窗体以及窗体中的各种控件对象在显示时，也有大小与显示位置的设置问题，这些均由坐标系统决定。

构成一个坐标系，需要三个要素有：坐标原点、坐标度量单位、坐标轴的长度与方向。其坐标系统的原点位于容器对象工作区最左上角的像素处，即该点的坐标值为（0,0），从原点出发，水平向右为 x 轴正方向，垂直向上方向为 y 轴的正方向。坐标度量单位由窗口对象的 ScaleMode 属性决定。一般情况下，默认其单位为 Twip，ScaleMode 属性设置如表 6-1 所示。

表 6-1 ScaleMode 属性

属性设置	单　　位	属性设置	单　　位
0-User	用户定义	4-Character	字符（默认为高 12 磅，宽 20 磅的单位）
1-Twip	缇（默认值）	5-Inch	英寸
2-Point	磅（每英寸 72 磅）	6-Millimeter	毫米
3-Pixel	像素（与显示器的分辨率有关）	7-Centimeter	厘米

2. 自定义坐标系

对象的坐标系允许用户自定义。在图 6-1 中的坐标系为自定义坐标系。自定义坐标系的方法有以下两种：

方法一：通过对象的 ScaleLeft、ScaleTop、ScaleWdith 和 ScaleHeight 四个属性来实现。

属性 ScaleTop 和 ScaleLeft 的值用于控制对象左上角坐标，所有对象的 ScaleTop 和 ScaleLeft 属性的默认值为 0，坐标原点在对象的左上角。当改变 ScaleTop 和 ScaleLeft 的值后，坐标系 x 轴和 y 轴按此值平移形成新的坐标原点。右下角坐标值为（ScaleLeft+ ScaleWidth, ScaleTop+ ScaleHeight）。根据左上角和右下角坐标值的大小自动设置坐标轴的正向。x 轴和 y 轴的度量单位分别为 1/ScaleWidth 和 1/ScaleHeight。

例如：如图 6-2 所示，在窗体的单击事件中通过属性定义窗体的坐标系。

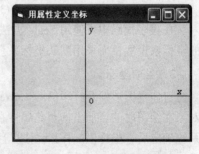

图 6-2 用属性定义坐标

实现步骤：

① 新建工程，添加窗体 Form1。

② 设置窗体 Form1 的属性值。属性值设置如表 6-2 所示。

表 6-2 图 6-2 窗体属性

对　　象	属　　性	属　性　值
窗体	Name	Form1
	Caption	用属性定义坐标

③ 编写事件过程代码。

根据任务要求，在窗体的单击（Click）事件过程中编写代码。

```
Private Sub Form_Click()
    Cls
    Form1.ScaleLeft = -200
    Form1.ScaleTop = 250
    Form1.ScaleWidth = 500
    Form1.ScaleHeight = -400
    Line (-200,0)-(300,0)                    '画 X 轴
    Line (0,250)-(0,-150)                    '画 Y 轴
    CurrentX = 0: CurrentY = 0: Print 0      '标记坐标原点
    CurrentX = 280: CurrentY = 20: Print "X" '标记 X 轴
    CurrentX = 10: CurrentY = 240: Print "Y" '标记 Y 轴
End Sub
```

④ 保存程序，调试运行。

方法二：采用 Scale 方法来设置坐标系。

Scale 方法是建立用户坐标系最方便的方法之一，其语法如下：

[对象.]Scale[(xLeft,yTop)-(xRight,yBotton)]

其中：对象可以是窗体、图形框以及打印机，若省略对象则为当前窗体。

(xLeft,yTop)表示对象的左上角的坐标值，(xRight,yB0tton)为对象的右下角的坐标值。VB 根据给定的坐标参数计算出 ScaleLeft、ScaleTop、ScaleWdith 和 ScaleHeight 的值。

ScaleLeft=xLeft

ScaleTop=yTop

ScaleWdith=xRight−xLeft

ScaleHeight=yBotton−yTop

例如：Form1.Scale(−200,250)−(300,150)将建立和图 6-2 中的坐标系一样。

在程序代码中可使用 Scale 方法改变坐标系。当 Scale 方法不带参数时，则取消用户自定义的坐标系设置，而采用默认坐标系。

3．当前坐标

窗体、图形框及打印机的 CurrentX、CurrentY 属性给出这些对象在绘图时的当前坐标。此属性在设计阶段不能使用。当坐标系统确定后，坐标值(x,y)表示对象上的绝对坐标位置。

例如：利用 CurrentX、CurrentY 属性在窗体上输出图 6-3 所示的立体字效果。

图 6-3　立体字效果

实现步骤：

① 新建工程，添加窗体 Form1。

② 设置窗体 Form1 的属性值，属性值设置如表 6-3 所示。

表 6-3   图 6-3 窗体属性

对　　象	属　　性	属　性　值
窗体	Name	Form1
	Caption	当前坐标的应用

③ 编写事件过程代码。

根据任务要求，在窗体的单击（Click）事件过程中编写代码。

```
Private Sub Form_Click()
    FontBold = True                              '加粗
    FontSize = 40: ForeColor = QBColor(0)        '40 磅黑色
    CurrentX = 200: CurrentY = 20                '在（100,20）处输出
    Print "程序设计"
    ForeColor = QBColor(15)                      '白色
    CurrentX = 130: CurrentY = 40                '在（130,40）处输出
    Print "程序设计"
End Sub
```

④ 保存程序，调试运行。

4. 线宽的定义

窗体、图形框及打印机的 DrawWidth 属性给出在这些对象上所画线的宽度或点的大小。DrawWidth 属性以像素为单位来度量，最小值为 1。

如果使用控件，则通过 BorderWidth 属性来定义线的宽度或点的大小。

例如：如图 6-4 所示，在窗体上画一系列宽度递增的直线。

实现步骤：

① 新建工程，添加窗体 Form1。

② 设置窗体 Form1 的属性值。属性值设置如表 6-4 所示。

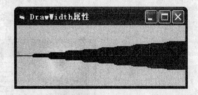

图 6-4　DrawWidth 属性应用示例

表 6-4   图 6-4 窗体属性

对　　象	属　　性	属　性　值
窗体	Name	Form1

③ 编写事件过程代码。

根据任务要求，在窗体的单击（Click）事件过程中编写代码。

```
Private Sub Form_Click()
    Dim i As Integer
    CurrentX = 0
    CurrentY = ScaleHeight / 2              '在（0,ScaleHeight/2）处输出
    ForeColor = QBColor(5)
    For i = 1 To 50 Step 5                   '利用循环语句画线
      DrawWidth = i
      Line -Step(ScaleWidth / 10,0)
    Next i
End Sub
```

④ 保存程序，调试运行。

5. 线型的定义

窗体、图形框及打印机的 DrawStyle 属性给出在这些对象上所画线的形状。属性设置意义如表 6-5 所示。

在表 6-5 中线型仅当 DrawStyle 属性值为 1 时才能出现。如果使用控件，则通过 BorderStyle 属性给出所画线的形状。BorderStyle 属性设置意义如表 6-6 所示。

表 6-5   DrawStyle 属性设置

设 置 值	说　　明
0	实线（缺省）
1	长画线
2	点画线
3	点画线
4	点点画线
5	透明线
6	内实线

表 6-6   BorderStyle 属性设置

设 置 值	说　　明
0	透明线
1	实线（缺省）
2	长画线
3	点线
4	点画线
5	点点画线
6	内实线

6. 填充图形

封闭图形的填充方式由 FillStyle、FillColor 这两个属性决定。

① FillColor 属性指定填充图案的颜色，默认的颜色与 ForeColor 相同。

② FillStyle 属性指定填充的图案，共有 8 种图案，属性设置如图 6-5 所示。

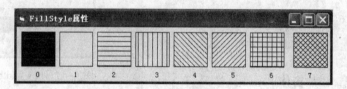

图 6-5　FillStyle 属性指定填充的图案

7. 设置色彩

在 VB 中可以用 ForeColor 属性、BackColor 属性及颜色函数设置色彩。

① RGB() 函数：通过红、绿、蓝三基色混合产生某种颜色，其语法为：RGB(红,绿,蓝)。

其中：红、绿、蓝三基色的成分使用 0～255 之间的整数。例如，RGB(0,0,0) 返回黑色，RGB(255,255,255) 返回白色，RGB(255,0,0) 返回红色，RGB(0,255,0) 返回绿色，RGB(0, 0, 255) 返回蓝色。

② QBColor() 函数：采用 QuickBasic 所使用的 16 种颜色，其语法为：QBColor（颜色码）。

其中：颜色码使用 0～15 之间的整数，每个颜色码代表一种颜色。

6.3　图　形　控　件

在图 6-1 中是在图形框控件中所画的正弦线，要实现在图形框控件上画正弦线，首先要学习图形框控件的相关知识。

1．图形框的定义

图形框是 VB 中用来显示图形的基本控件，VB 6.0 中支持以下格式的图形文件：Bitmap（位图，其文件扩展名为.bmp 或.dib）、Icon（图标，其文件扩展名为.ico 或.cur）、Metafile（图元文件，其文件扩展名为.wmf）、JPEG（图片文件格式，其文件扩展名为.jpg）、Gif（图片文件格式，其文件扩展名为.gif）。

2．图形框的作用

图形框（PictureBox）控件的主要作用是显示图片，可以作为其他控件的容器，也可以显示文字信息。实际显示的图片由 Picture 属性决定，也可以使用 LoadPicture() 函数放入图形。其格式在第 2 章中已介绍，由 Print 方法显示文字。

3．使用图形框

如图 6-6 所示，在窗体上添加一个图形框（名称为 Picture1），要求单击图形框显示一张图片及一句话。

图 6-6　图形框

4．实现图形框控件的功能

① 新建工程，添加窗体 Form1。

② 添加图形框控件，设置窗体 Form1 和图形框控件 Picture1 的属性值。属性值设置如表 6-7 所示。

表 6-7　图 6-6 窗体控件属性

对　象	属　性	属　性　值
窗体	Name	Form1
	Caption	图片框
图形框	Name	Picture1
	AutoSize	False

③ 编写事件过程代码。

根据任务要求，在图形框控件的单击（Click）事件过程中编写代码。

```
Private Sub Picture1_Click()
    Picture1.Picture = LoadPicture(App.Path + "\a.jpg")    '显示图片
    Picture1.Print "显示图片"                              '显示文字
End Sub
```

④ 保存程序，调试运行。

5．相关知识点归纳

（1）图形框控件属性

图形框控件基本属性有：Name、Height、Width、Top、Left、Enabled、Visible、Font 等，与窗体相应属性的使用方法相同。

图形框控件的常用属性如下：

● Picture 图片属性：把图形放入图形框控件中。

● Autosize 属性：调整图形框大小以适应图形尺寸。

其值若设置为 True，图形框能自动调整大小与显示的图片匹配；其值若设置为 False，图形框不能自动调整大小来适应其中的图形，加载到图形框中的图形保持其原始尺寸，这意味着如果图形比控件的尺寸大，则超过的部分将被裁掉。

（2）图形框控件事件

图形框控件事件有 Click（单击）事件和 DblClick（双击）事件。

（3）图形框控件方法

图形框控件方法有 Cls（清屏）方法和 Print（显示）方法。

6. 拓展知识介绍

（1）图像框（Image）控件

在窗体上使用图像框的步骤与图形框一样，此处不再赘述。图像框没有 Autosize 属性，但它有 Stretch 属性，其值若设置为 True，加载到图像框的图形可自动调整尺寸以适应图像框的大小；其值若设置为 False，图像框可自动改变大小以适应其中的图形。

（2）图形框与图像框的区别

- 在图形框中可以包含其他控件，而图像框不能。
- 图形框可以通过 Print 方法接收文本，而图像框不能。
- 图像框比图形框占用的内存少，显示的速度快。在图形框和图像框都能满足需要的情况下，应优先考虑使用图像框。

（3）直线（Line）控件

可以用 Line 控件画直线。其基本属性此处不再赘述。

例如：如图 6-7 所示，在窗体上添加七条直线控件（其名称都为 Line1）和一个命令按钮（其名称为 Command1），要求单击命令按钮改变直线控件的线型及颜色。

实现步骤：

① 新建工程，添加窗体 Form1。

② 添加一个命令按钮 Command1 和七个直线控件，其名称都为 Line1，设置窗体 Form1、命令按钮 Command1 及七个直线控件的属性值。属性值设置如表 6-8 所示。

图 6-7 直线控件

表 6-8 图 6-7 窗体控件属性

对　象	属　性	属 性 值	对　象	属　性	属 性 值
窗体	Name	Form1	直线控件	Name	Line1
	Caption	直线控件		Index	3
直线控件	Name	Line1	直线控件	Name	Line1
	Index	0		Index	4
直线控件	Name	Line1	直线控件	Name	Line1
	Index	1		Index	5
直线控件	Name	Line1	直线控件	Name	Line1
	Index	2		Index	6

③ 编写事件过程代码。

根据任务要求，在命令按钮的单击（Click）事件过程中编写代码。

```
Private Sub Command1_Click()
    Dim i As Integer
    For i = 0 To 6
        Line1(i).BorderStyle = I                      '设置线型
        Line1(i).BorderColor = QBColor(i + 5)          '设置颜色
    Next i
End Sub
```

④ 保存程序，调试运行。

（4）形状（Shape）控件

可以用 Shape 控件画矩形、正方形、椭圆、圆、圆角矩形及圆角正方形。通过 Shape 属性设置图形的几何形状，其属性取值如表 6-9 所示。

表 6-9　Shape 属性确定的形状

值	常　数	形　状	值	常　数	形　状
0	vbShapeRectangle	矩形（默认）	3	vbShapeCircle	圆
1	vbShapeSquare	正方形	4	vbShapeRoundedRectangle	圆角矩形
2	vbShapeOval	椭圆	5	vbShapeRoundedSauare	圆角正方形

例如：如图 6-8 所示，在窗体上添加六个形状控件（其名称都为 Shape1），要求单击窗体改变其形状。

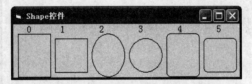

图 6-8　Shape 控件属性确定的形状

实现步骤：

① 新建工程，添加窗体 Form1。

② 添加六个形状控件，其名称都为 Shape1，设置窗体 Form1，六个形状控件的属性值。属性值设置如表 6-10 所示。

表 6-10　图 6-8 窗体控件属性

对　象	属　性	属性值	对　象	属　性	属性值
窗体	Name	Form1	形状控件	Name	Shape1
	Caption	Shape 控件		Index	3
形状控件	Name	Shape1	形状控件	Name	Shape1
	Index	0		Index	4
形状控件	Name	Shape1	形状控件	Name	Shape1
	Index	1		Index	5
形状控件	Name	Shape1			
	Index	2			

③ 编写事件过程代码。

根据任务要求，在窗体的单击（Click）事件过程中编写代码。

```
Private Sub Form_Click()
    FontSize = 12
    CurrentX = 350
    Print "0";
    For i = 1 To 5
        Shape1(i).Shape = I                          '设置几何形状
        CurrentX = CurrentX + 650
        Print i;
    Next i
End Sub
```

④ 保存程序，调试运行。

6.4 图形方法

在图 6-1 中，由 Pset 方法画出正弦曲线，也是图形方法中的一种，要实现在图形框控件上画正弦线，首先要学习图形方法的相关知识。

1. Pset 方法的作用

Pset 方法用于画点，也可以绘制任意曲线。

2. 使用 Pset 方法

如图 6-9 所示，在窗体的单击事件过程中利用 Pset 方法绘制阿基米德螺线。

3. 实现 Pset 的功能

① 新建工程，添加窗体 Form1。

② 设置窗体 Form1 的属性值，属性值设置如表 6-11 所示。

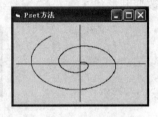

图 6-9　阿基米德螺线

表 6-11　图 6-9 窗体属性

对　象	属　性	属　性　值
窗体	Name	Form1
	Caption	Pset 方法

③ 编写事件过程代码。

根据任务要求，在窗体的单击（Click）事件过程中编写代码。

```
Private Sub Form_Click()
    Dim x As Single,y As Single,i As Single
    Scale (-15,15)-(15,-15)                  '自定义坐标系
    Line (0,14)-(0,-14)                      '画 x 轴
    Line (14.5,0)-(-14.5,0)                  '画 y 轴
    For i = 0 To 12 Step 0.01
        x = i * Sin(i)                       '阿基米德螺线参数方程
        y = i * Cos(i)                       '阿基米德螺线参数方程
        PSet (x,y)                           '在(x,y)处画点
    Next i
```

④ 保存程序，调试运行。

4．相关知识点归纳

Pset 方法语法格式：[对象.]Pset [Step] (x,y) [,颜色]。

其中，对象可以是窗体或图形框，默认为当前窗体。

参数(x,y)：为所画点的坐标。

关键字 Step：表示采用当前图形位置的相对值。

5．拓展知识介绍

（1）Line 方法

Line 方法用于画直线或矩形，其语法格式如下：

```
[对象.] Line [[Step] (x1,y1)]-(x2,y2)[,颜色][,B[F]]
```

其中，对象可以是窗体或图形框，默认为当前窗体。

(x1,y1)：为线段的起点坐标或矩形的左上角坐标。

(x2,y2)：为线段的终点坐标或矩形的右上角坐标。

关键字 Step：表示采用当前图位置的相对值。

关键字 B：表示画矩形。

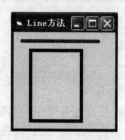

关键字 F：表示用画矩形的颜色来填充整个矩形。默认为 F 则矩形的填充由 FillColor 和 FillStyle 属性决定。

例如：如图 6-10 所示，在窗体的单击事件中利用 Line 方法在窗体上画一条直线和一个矩形。

图 6-10　直线与矩形

实现步骤：

① 新建工程，添加窗体 Form1。

② 设置窗体 Form1 的属性值，属性值设置如表 6-12 所示。

表 6-12　图 6-10 窗体属性

对　　象	属　　性	属　性　值
窗体	Name	Form1
	Caption	Line 方法

③ 编写事件过程代码。

根据任务要求，在窗体的单击（Click）事件过程中编写代码。

```
Private Sub Form_Click()
    DrawWidth = 5                              '设置线宽
    Line (200,200)-(2000,200),RGB(255,0,0)     '画红色直线
    Line (400,400)-(1600,2000),RGB(0,0,255),B  '画蓝色矩形
End Sub
```

④ 保存程序，调试运行。

（2）Circle 方法

Circle 方法用于画圆、椭圆、圆弧和扇形，其语法格式如下：

```
[对象.] Circle [[Step] (x,y),半径[,颜色][,起始角][,终止角][,长短轴比例]]
```

其中，对象可以是窗体或图形框，默认为当前窗体。

(x,y)：为圆心坐标或椭圆中心坐标。

关键字 Step：表示采用当前图位置的相对值。

圆弧和扇形通过参数起始角、终止角控制。当起始角、终止角
取值在 0～2π 时为圆弧。当在起始角、终止角取值前加一负号时，
画出扇形，负号表示画圆心到圆弧的径向线；椭圆通过长短轴比
率控制，默认值为 1，表示画圆。

图 6-11　Circle 方法

例如：如图 6-11 所示，在窗体的单击事件中利用 Circle 方法
在窗体上画圆、椭圆、圆弧和扇形。

实现步骤：

① 新建工程，添加窗体 Form1。

② 设置窗体 Form1 的属性值，属性值设置如表 6-13 所示。

表 6-13　图 6-11 窗体属性

对　　象	属　　性	属　性　值
窗体	Name	Form1
	Caption	Circle 方法

③ 编写事件过程代码。

根据任务要求，在窗体的单击（Click）事件过程中编写代码。

```
Private Sub Form_Click()
    DrawWidth = 5                               '设置线宽
    Circle (450,450),400                        '画圆
    Circle (1200,450),400,RGB(255,0,0), , ,2    '画红色椭圆
    Circle (1800,450),400,RGB(0,255,0),-0.7,-2.1 '画绿色扇形
    Circle (2800,450),400,RGB(0,0,255),-2.1,0.7  '画蓝色圆环
End Sub
```

④ 保存程序，调试运行。

6.5　实现正弦曲线的具体方法

【任务实现】实现在图 6-1 中的正弦曲线。

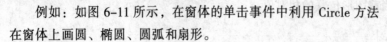

提　示

控件添加好后，先用 Scale 方法设定坐标系，坐标原点设置在图形框中心，用 Line 方法
画出坐标轴及箭头线，在 For 循环中用 Pset 方法绘点，使其按正弦规律变化，步长值设置小些，
使其形成动画效果，用 Print 方法显示文字信息。

① 新建工程，添加窗体 Form1。

② 在窗体 Form1 中添加控件：在窗体上添加两个命令按钮（名称分别为 Command1 和
Command2）和一个图形框（名称为 Picture1）。

③ 各控件属性设置如表 6-14 所示。

表 6-14 图 6-1 窗体控件属性

对 象	属 性	属性值	对 象	属 性	属性值
窗体	Name	Form1	命令按钮	Name	Command1
	Caption	正弦		Caption	正弦
图形框	Name	Picture1	命令按钮	Name	Command2
	ScaleMode	1		Caption	退出

④ 编写事件过程代码。

根据任务要求，在命令按钮的单击（Click）事件过程中编写代码。

```
Const pi = 3.14159
Dim a
Private Sub Command1_Click()
    Picture1.Cls
    'scale 方法设定用户坐标系。坐标原点在 picture1 中心
    Picture1.ScaleMode = 0
    Picture1.ScaleMode = 3
    Picture1.Scale (-10,10)-(10,-10)
    '设置绘线宽度
    Picture1.DrawWidth = 1
    '绘坐标系的 x 轴及箭头线
    Picture1.Line (-10,0)-(10,0),vbBlue
    Picture1.Line (9,0.5)-(10,0),vbBlue
    Picture1.Line -(9,-0.5),vbBlue
    Picture1.ForeColor = vbBlue
    Picture1.Print "X"
    '绘坐标系的 Y 轴及箭头线
    Picture1.Line (0,10)-(0,-10),vbBlue
    Picture1.Line (0.5,9)-(0,10),vbBlue
    Picture1.Line -(-0.5,9),vbBlue
    Picture1.Print "Y"
    '指定位置显示原点 0
    Picture1.CurrentX = 0.5
    Picture1.CurrentY = -0.5
    Picture1.Print "0"
    '重设绘线宽度
    Picture1.DrawWidth = 2
    '用 for 循环绘点，使其按正弦规律变化。步长值很小，使其形成动画效果
    For a = -2 * pi To 2 * pi Step pi / 6000
        Picture1.PSet (a,Sin(a) * 5),vbRed
    Next a
    '指定位置显示描述文字
    Picture1.CurrentX = pi / 2
    Picture1.CurrentY = -7
    Picture1.ForeColor = vbBlack
    Picture1.Print "正弦曲线示意图"
    End Sub
Private Sub Command2_Click()
    Unload Me
End Sub
```

⑤ 调试运行。

⑥ 设计保存。

本 章 小 结

图形可以为应用程序的界面增加美感，通过学习本章，我们发现 VB 具有丰富的图形功能，不仅可以通过图形控件进行图形和绘图处理。还可以用图形方法在窗体或图形框上输出文字和图形。

本章主要介绍了图形操作基础、图形控件：Picture Box（图形框）、Image（图像框）、Line（直线控件）、Shape（形状控件）及图形方法：Pset（画点）、Line（画直线及矩形）、Circle（画圆、椭圆、圆弧及扇形）。通过本章的学习，可以通过几何绘图及使用图形控件显示图片。

实 战 训 练

一、选择题

1. 对画出的图形进行填充，应使用（　　）属性。
    A. BackStyle　　　　B. FillColor　　　　C. FillStyle　　　　D. BorderStyle
2. Visual Basic 可以用（　　）属性来设置控件边框类型。
    A. BorderStyle　　　B. BorderWidth　　　C. DrawWidth　　　D. FillColor
3. 下列（　　）是用来画圆、圆弧及椭圆的。
    A. Circle 方法　　　B. Pset 方法　　　　C. Line 属性　　　D. Point 属性
4. 下列语句中，（　　）是描述以（1000,1000）为圆心、以 400 为半径画 1/4 圆弧的。
    A. Circle(1000,1000),400,0,3.1415926/2
    B. Circle(1000,1000),,400,0,3.1415926/2
    C. Circle(1000,1000),400,,0,3.1415926/2
    D. Circle(1000,1000),400,,0,90
5. 当 Stretch 属性值为 False 时，（　　）。
    A. 图片大小随图像框的大小进行调整　　　B. 图像框的大小随图片大小进行调整
    C. 图片框的大小随图片大小进行调整　　　D. 图片大小随图片框的大小进行调整

二、填空题

1. 以窗体 Form1 的中心为圆心，画一个半径为 800 的圆的方法是＿＿＿＿＿。
2. 需要对设置好的线条进行调整时，可先＿＿＿＿＿该线条，通过鼠标的拖动来改变线条的大小或位置，或通过＿＿＿＿＿窗口改变其属性值。
3. Shape 属性决定形状控件的＿＿＿＿＿；当 Shape 属性值为 0 时，它的表现形式是＿＿＿＿＿。
4. Visual Basic 坐标系的默认单位是＿＿＿＿＿。除此之外，用户还可以选用其他的度量单位，这需要通过对象的＿＿＿＿＿属性来实现。
5. 若要在控件 Picture1 中显示 C:盘 Windows 目录下的 Cloud.bmp 图片,则它的方法是＿＿＿＿＿。

三、操作题

1. 在窗体中添加一个时钟控件、一个直线控件、一个形状控件，设计成图 6-12 所示的转动指针程序。要求：当程序运行时，界面上有一个作为指针的红色细线，它会绕着一个固定点旋转。

> **提 示**
> 为与时间单位相符，将计时器的 Interval 属性设置为 1000；将 Line1 控件的 BorderColor
> 属性设置为红色，BorderWidth 属性设置为 2；通过时钟控件的 Timer 事件实现相应运行控制。

2. 如图 6-13 所示，单击窗体，在其上画一个圆和一个圆弧。

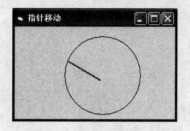

图 6-12　指针移动

图 6-13　圆与圆弧

> **提 示**
> 把 DrawWidth 属性设置为 5，利用 Circle 方法画圆及圆弧；通过窗体的 Click 事件实现相
> 应运行控制。

3. 在窗体中添加一个图形框控件、两个命令按钮，设计成图 6-14 所示绘制抛物线程序。
要求：当程序运行时，单击抛物线按钮，在图形框控件的中心位置绘制坐标轴，同时标
出 x、y 轴及坐标原点且画出抛物线。

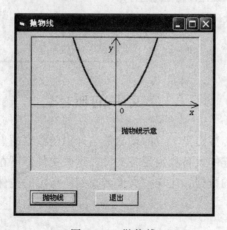

图 6-14　抛物线

> **提 示**
> 控件添加好后，先用 Scale 方法设定用户坐标系，坐标原点设置在图形框中心，用 Line
> 方法画坐标轴及箭头线，在 For 循环中用 Pset 方法绘点，使其按抛物线规律变化，步长值设置
> 小些，使其形成动画效果，用 Print 方法显示文字信息。

第 7 章

文件的使用

学习目标：

- 进行文件系统控件属性设置与使用
- 掌握顺序文件、随机文件和二进制文件的建立和数据写入与读出方法。
- 掌握常用文件函数和文件命令的使用方法。

能力目标：

- 根据不同需求设置文件系统控件属性的能力
- 编写常用事件过程程序代码的能力
- 设计一般用户界面的能力

7.1   文件的概念

文件是存储在外部介质（如磁盘）上的以文件名标识的数据的集合。存储在磁盘上的文件称为磁盘文件，与计算机相连的设备称为设备文件。这些文件都不在计算机内，统称为外部文件。访问存放在外部介质上的数据，应先按文件名找到所指定的文件，然后再从该文件中读取数据。

1．文件的结构

字符是构成文件的基本单位。字段或域由若干个字符组成，用来表示一项数据。记录就是一组有相互关系的字段，文件是记录的集合。

文件是按名存取的，磁盘文件是由数据记录组成的。记录是计算机处理数据的基本单位，它由一组具有共同属性相互关联的数据项组成。

2．文件种类

在 VB 中，按照文件的存取方式和组成，把文件分为顺序文件、随机文件和二进制文件。在这三类文件中，数据的存取方法是不同的。

本章主要学习顺序文件、随机文件和二进制文件这三种文件的操作方法。

7.2　顺序文件的操作

1. 顺序文件

顺序文件（Sequential File）是普通的文本文件。顺序文件中的记录按顺序一个接一个地排列。一行一条记录（一项数据），记录可长可短，以换行字符为分隔符号。由于此类文件只提供第一条记录的存储位置，其他记录的位置无从得知，因此读/写文件存取记录时，都必须从第一条记录开始，按顺序逐个进行。

2. 顺序文件的操作

如图 7-1 所示的窗体中有三个命令按钮："新建"（控件名称为 Commond1）、"打开读"（控件名称为 Command2）和"追加记录（控件名称为 Commond3）"；一个文本框（控件名称为 Text1，MultiLine 为 True，ScrollBars 为 2）；一个通用对话框（控件名称为 CommonDialog1）。当单击"新建"按钮时，执行的事件的功能为，打开"保存"对话框，把文本框控件中的内容保存成一个文本文件，文件名称及位置由"保存"对话框确定；当单击"打开读"按钮时，执行的事件的功能为，打开"打开"对话框，把"打开"对话框中显示的文本文件内容读出并显示在文本框中；当单击"追加记录"按钮时，执行的事件的功能为，打开"保存"对话框，把文本框中的内容加到"保存"对话框中显示的文本文件的末尾。对于这样一个简单的程序应该如何实现？

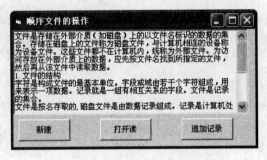

图 7-1　顺序文件的操作

3. 实现操作顺序文件

① 新建工程，添加窗体 Form1。

② 在窗体 Form1 中添加三个命令按钮 Command1、Command2 和 Command3；一个文本框 Text1和一个对话框 Commondialog1。

③ 设置控件的属性值，属性值如表 7-1 所示。

表 7-1　图 7-1 窗体等控件属性

对　　象	属　　性	属　　性　　值
窗体	Caption	顺序文件的操作
	Name	Form1
文本框	Name	Text1
	MultiLine	True
	ScrollBars	2

续表

对　象	属　性	属　性　值
命令按钮	Name	Command1
	Caption	新建
命令按钮	Name	Command2
	Caption	打开读
命令按钮	Name	Command3
	Caption	追加记录
通用对话框	Name	Commondialog1

④ 编写事件过程代码。

根据任务要求，在单击命令按钮时执行相应的功能，所以应该编写三个命令按钮的单击（Click）事件过程代码。

```
Private Sub Command1_Click()                    '新建按钮
 CommonDialog1.Action = 2                        '打开保存对话框
 Open CommonDialog1.FileName For Output As #1    '打开顺序文件进行写操作
 Print #1,Text1.Text                             '把文本框的内容写入文件中
 Close #1                                        '关闭文件
 End                                             '结束程序
End Sub
Private Sub Command2_Click()                     '打开读按钮
 CommonDialog1.Action = 1                         '打开打开对话框
 Open CommonDialog1.FileName For Input As #1      '打开顺序文件进行读操作
 Do While Not EOF(1)                              '把文件中的内容读出显示到文本框中
  Line Input #1,inputdata
  Text1.Text = Text1.Text & inputdata & Chr(13) + Chr(10)
 Loop
 Close #1                                         '关闭文件
End Sub
Private Sub Command3_Click()                      '追加记录按钮
 CommonDialog1.Action = 2                          '打开保存对话框
 Open CommonDialog1.FileName For Append As #1      '打开顺序文件进行写操作
 Print #1,Text1.Text                               '把文本框内容写入文件的末尾
 Close #1                                          '关闭文件
 End                                               '结束程序
End Sub
```

⑤ 保存程序，调试运行。

4. 相关知识点归纳

（1）数据文件的操作流程

在 Visual Basic 中，数据文件的操作步骤如下：

① 打开（或建立）文件。一个文件必须先打开或建立后才能使用。如果一个文件已经存在，则打开该文件；如果不存在，则建立该文件。

进行读/写、操作。在打开（或建立）的文件上执行所要求的输入/输出操作。在文件处理中，把内存中的数据传输到相关联的外部设备并作为文件存放的操作义为写数据，而把数据文件中

的数据传输到内存程序中的操作称为读数据。一般来说，在主存与外设的数据传输中，由主存到外设称为输出或写，而由外设到主存称为输入或读。

② 关闭文件。打开的文件使用（读/写）完后，必须关闭；否则会造成数据丢失。关闭文件会把文件缓冲区中的数据全部写入磁盘，释放该文件缓冲区占用的内存。

文件处理一般需要以上步骤。

（2）顺序文件的打开

在对顺序文件进行操作之前，必须用 Open 语句打开要操作的文件。

Open 语句的一般格式为：

```
Open  文件名  [For 打开方式 ]  As  [#]文件号
```

说明：

文件名用来指定要打开的文件，可以包含目录、文件夹及驱动器。

打开方式包括 3 种：Input、Output、Append。

其中：Input 表示将数据从磁盘文件读到内存，即进行文件读操作。

Output 表示将数据从内存输出到磁盘文件中去，即进行写操作。

Append 表示将数据追加到文件的尾部。

文件号是一个 1～511 之间的整数，它用来代表所打开的文件，文件号可以是整数或数值型变量。

例如：

① Open "d：\stu1.dat" For Input As #1

该语句以输入方式打开文件 stu1.dat，并指定文件号为 1。

② Open "d：\stu2.dat" For Output As #5

该语句以输出方式打开文件 stu2.dat，即向文件 stu2.dat 进行写操作，并指定文件号为 5。

③ Open "d：\stu3.dat" For Append As #6

该语句以添加方式打开文件 stu3.dat，即向文件 shu3.dat 添加数据，并指定文件号为 6。

（3）顺序文件的写操作

在程序中用 Open 语句以 Output 或 Append 模式将文件打开，则表示将对打开的文件进行写操作。但对于 Output 和 Append 两种模式，写操作的含义是不同的。对于 Output 模式，如果磁盘上不存在此文件，则会按 Open 语句中的"文件名"新建一个文件，并从文件的起始位置写入文件；若文件已存在，则会对文件重写，覆盖文件中原有的数据。对于 Append 模式，如果磁盘上不存在此文件，则会按 Open 语句中的"文件名"新建一个文件，并从文件的起始位置写入文件；若文件已存在，则从文件的尾部追加写入数据，所以不会将文件中原有数据覆盖。

创建一个新的顺序文件或向一个已存在的顺序文件中添加数据，都是通过写操作实现的。VB 中用 Print 语句或 Write 语句向顺序文件写入数据。另外，顺序文件也可由文本编辑器（记事本、Word 等）创建。

① Print 语句：

一般格式：

```
Print  #文件号 [,输出表列]
```

例如：

```
Open "d：\stu.dat" For  Output  As #2
Print  #2,"Visual";"Basic";"6.0"
```

```
Print  #2,78;100;65
Close  #2
```
执行上面的程序段后，写入到文件中的数据如下：
```
VisualBasic6.0
100  65
```
② Write 语句：与 Print 语句不同的是，Write 语句能自动在各数据项之间插入逗号，并给各字符串加上双引号。

一般格式：
```
Write  #文件号 [,输出表列]
```
例如：
```
Open  "d: \shua.dat"  For  Output  As  #6
Write  #6,"Visual";"Basic";"6.0"
Write  #6,78;99;67
Close  #6
```
执行上面的程序段后，写入到文件中的数据如下：
```
"Visual","Basic","6.0"
78,99,67
```
（4）顺序文件的读操作

顺序文件的读操作，就是从已存在的顺序文件中读取数据。在读一个顺序文件时，首先要用 Input 方式将准备读的文件打开。VB 提供了 Input、Line Input 语句和 Input()函数将顺序文件的内容读入。

① Input 语句：

一般格式：
```
Input  #文件号，变量表列
```
例如：
```
Private Sub form_Click()
 Dim x$,y$,z$,a%,b%,c%
 Open "c: \vb\stu.dat" For Input As #1
 Input #1,x,y,z
 Input #1,a,b,c
 Print x,y,z
 Print a,b,c
 Print a + b + c
 Close #1
End Sub
```
如果顺序文件 stu.dat 的内容如下：
```
"Visual","Basic","6.0"
78, 100,65
```
执行 Form_Click 过程，在窗体上显示的内容为：
```
Visual        Basic        6.0
 78           100          65
 244
```
② Line Input 语句：

一般格式：
```
Line Input  #文件号，字符串变量
```
Line Input 语句是从打开的顺序文件中读取一行，并将读出信息赋给字符型变量。

例如，如果顺序文件 shua.dat 的内容如下：

```
"Visual","Basic","6.0"
78,99,67
```

用 Line Input 语句将数据读出并且把它显示在文本框中。

```
Private Sub Command1_Click()
    Dim a$, b$
Open "c: \vb\shua.dat" For Input As #2
Line Input #2,a
Line Input #2,b
Text1.Text = a & b
End Sub
```

执行以上过程，在文本框中显示的内容为：

```
"Visual","Basic","6.0"78,99,67
```

（5）顺序文件的关闭

在对一个文件操作完成后，可用 Close 语句将其关闭。

一般格式：

```
Close  [文件号列表]
```

例如：

① `Close #1`　　　　　　　　　'关闭文件号为 1 的文件

② `Close #2,#6,#8`　　　　　　'关闭文件号为 2，6，8 的文件

③ `Close`　　　　　　　　　　'关闭所有已打开的文件

5. 拓展知识介绍

文件操作语句及函数：

① FreeFile()函数：可以得到一个在程序中没有使用的文件号。当程序中打开的文件较多时，这个函数很有用。

② Lof()函数：将返回某文件的字节数。例如，LOF(1)返回#1 文件的长度，如果返回 0 值，则表示该文件是一个空文件。

③ Loc()函数：返回在一个打开文件中读/写的记录号；对于二进制文件，它将返回最近读/写的一个字节的位置。

④ Eof()函数：将返回一个表示文件指针是否到达文件末尾的标志。如果到达文件末尾，Eof()函数返回 TRUE(1)；否则返回 FALSE(0)。

7.3　随机文件的操作

1. 随机文件

随机文件（Random Access File）是可以按任意次序读/写的文件，其中每个记录的长度必须相同。在这种文件结构中，每个记录都有其唯一的一个记录号，所以在读取数据时，只要知道记录号，便可以直接读取记录。

2. 操作随机文件

用随机文件建立通讯录，通讯录内容包含姓名、电话号码和邮政编码。如图 7-2 所示的窗体中有四个命令按钮："打开文件"（控件名称为 Cmdopen）、"写文件"（控件名称为 CmdPut）、

"读文件"（控件名称为 CmdGet）和"结束"（控件名称为 CmdClose）"；有四个文本框（控
件名称分别为 Text1 到 Text4）；有四个标签（控件名称分别
为 Label1 到 Label4），当单击"打开"按钮时，执行事件的
功能，打开一个随机文件；当单击"写文件"按钮时，执行
事件的功能，把四个文本框中的内容写入打开的文件中；当
单击"读文件"按钮时，执行的事件的功能，把打开文件中
的内容读出显示在四个文本框中；当单击"结束"按钮时，
执行的事件的功能，关闭文件并结束程序的运行。对于这样
一个简单的程序应该如何实现？

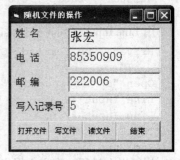

图 7-2　随机文件的操作

3. 实现操作随机文件

① 新建工程，添加窗体 Form1。
② 在窗体 Form1 中添加四个命令按钮、四个文本框和四个标签。
③ 设置控件的属性值，属性值如表 7-2 所示。

表 7-2　图 7-2 窗体等控件属性

对　　象	属　　性	属　性　值
窗体	Caption	随机文件的操作
	Name	Form1
文本框	Name	Text1
文本框	Name	Text2
文本框	Name	Text 3
文本框	Name	Text 4
命令按钮	Name	Cmdopen
	Caption	打开文件
命令按钮	Name	cmdPut
	Caption	写文件
命令按钮	Name	cmdGet
	Caption	读文件
命令按钮	Name	cmdClose
	Caption	结束

④ 添加模块 Module1，并编写如下的代码：

```
Type RecordType                          '定义记录
    Name As String * 8
    Tel_number As String * 8
    Post_code As String * 6
End Type
```

⑤ 编写事件过程代码。

根据任务要求，在单击命令按钮时执行相应的功能，所以应该编写四个命令按钮的单击
（Click）事件过程代码。

```vb
Dim Person As RecordType                                    '声明变量
Dim Filenum As Integer
Dim Reclength As Long,Recnum As Long
Private Sub Cmdopen_Click()
    Reset
    Filenum = FreeFile
    Reclength = Len(Person)
    Open "address" For Random As Filenum Len = Reclength   '打开随机文件
    Recnum = LOF(Filenum) \ Reclength + 1
    Text4.Text = Str(Recnum)
    Text1.SetFocus
End Sub
Private Sub cmdput_Click()                                  '写操作
    If Text1.Text <> "" And Text2.Text <> "" And Text3.Text <> "" Then
        Person.Name = Text1.Text                           '给字段变量赋值
        Person.Tel_number = Text2.Text
        Person.Post_code = Text3.Text
        Put #Filenum,Recnum,Person                         '写文件记录
        Text1.Text = ""
        Text2.Text = ""
        Text3.Text = ""
        Text1.SetFocus
        Recnum = Recnum + 1
    Else
        Text4.Text = "输入数据错，请重新输入产！"
    End If
End Sub
Private Sub CmdGet_Click()                                  '读操作
    Dim choice As Integer
    Recnum = Str(InputBox("输入记录号"))
    Seek #Filenum,Recnum
    Do While Not EOF(Filenum)
        Text4.Text = Str(Recnum)
        Get #Filenum,Recnum, Person
        Text1.Text = Person.Name
        Text2.Text = Person.Tel_number
        Text3.Text = Person.Post_code
        choice = MsgBox("继续查看? ",vbYesNo)
        If choice = vbNo Then
          Exit Do
        Else
          Recnum = Recnum + 1
        End If
        Loop
        End Sub
    Private Sub Cmdclose_Click()                            '关闭文件并结束程序的运行
        Close #Filenum
    End
End Sub
```

⑥ 保存程序，调试运行。

4. 相关知识点归纳

（1）随机文件的特点

- 随机文件的记录是定长的。
- 一条记录包含一个或多个字段。
- 随机文件打开后，既可读又可写，可根据记录号访问文件中任何一个记录，无须按顺序进行操作。

（2）随机文件的打开

在对一个随机文件操作之前，也必须用 Open 语句打开文件，随机文件的打开方式必须是 Random 方式，同时要指明记录的长度。与顺序文件不同的是，随机文件打开后，可同时进行写入与读出操作。

Open 语句的一般格式：

```
Open 文件名 For Random As #文件号 Len=记录长度
```

说明：

记录长度是一条记录所占的字节数，可以用 Len() 函数获得。

例如，定义以下记录：

```
Type student
    Name As String*10
    Age As Integer
End Type
```

可用下面的语句打开：

```
Open "d:\abc.dat" For Random As #1 Len = 20
```

（3）随机文件的写操作

用 Put 语句进行随机文件的写操作。

Put 语句一般格式为：

```
Put #文件号,记录号,变量
```

说明：

Put 语句把变量的内容写入文件中指定的记录位置。记录号是一个大于或等于 1 的整数。

例如：

```
Put #1,9,t
```

表示将变量 t 的内容送到 1 号文件中的第 9 号记录中。

（4）随机文件的读操作

用 Get 语句进行随机文件的读操作。

Get 语句格式一般为：

```
Get #文件号,记录号,变量
```

说明：

Get 语句把文件中由记录号指定的记录内容读入到指定的变量中。

例如：

```
Get #2,3,u
```

表示将 2 号文件中的第 3 条记录读出后存放到变量 u 中。

（5）随机文件的关闭

随机文件的关闭同顺序文件一样，用 Close 语句。

5．拓展知识介绍

（1）增加随机文件的记录

在随机文件中增加一条记录，实际上是在文件尾部添加一条记录。问题的关键是如何确定随机文件中最后一条记录号是什么？可以利用下面的公式得到：

最后一条记录的记录号=文件长度/记录长度

通过 LOF()函数可以获取打开的文件长度。多字段记录类型变量的长度就是记录的长度，可以利用 Len()函数求得，即：

记录长度=Len（记录类型变量）

而单字段记录的长度是显而易见的。最后一条记录的记录号加 1，就是要添加记录的位置。

（2）删除随机文件的记录

在随机文件中删除一条记录，有两种做法：

① 把要删除记录的下一条记录写到要删除的记录位置，其后所有记录依次前移。这样要删除的记录内容已不存在，但是文件的最后两条记录相同，文件中的记录数没有减少。

② 打开一个临时文件，将原有文件中所有不删除的记录一条一条地复制到临时文件中，删除原文件后，重命名临时文件。

将图 7-2 中创建通讯录中的无用记录删除。

```
Private Sub cmddelete_Click()
Dim filenum1 As Integer,randnum As Long
Dim writenum As Long,erasenum As Long
Filenum = FreeFile                                   '获得文件号
Reclength = Len(Person)
Open "address" For Random As Filenum Len = Reclength  '打开原文件
filenum1 = FreeFile                                  '获得文件号
Open "tempfile" For Random As #filenum1 Len = Reclength  '打开临时文件
Label4.Caption = "删除记录号"
erasenum = Str(InputBox("输入删除记录号"))
Do While Not EOF(Filenum)                   '把文件中的记录读出并写入临时文件
    readnum = readnum + 1
    Get #Filenum,readnum,Person
    If readnum <> erasenum Then
      writenum = writenum + 1
      Put #filenum1,writenum,Person
    End If
    Loop
Close #Filenum                              '关闭原文件
Kill "address"                              '删除原文件
Close #filenum1                             '关闭临时文件
Name "tempfile" As "address"               '把临时文件命名为原文件
Text4.Text = Str(erasenum) & "号记录已经删除"
End Sub
```

7.4 二进制文件的操作

1．二进制文件

二进制文件（Binaryfile）是字节的集合，可以直接把二进制码存放在文件中，它与随机访问很相似。二进制访问模式是以字节数来定位数据，在程序中可以按任何方式组织和访问数据，对文件中各字节数据直接进行存取。

2．操作二进制文件

如图 7-3 所示，窗体中有一个命令按钮为"复制"（控件名称为 CmdCopy）。当单击"复制"按钮时，执行的事件的功能，编制程序实现将 D 盘根目录中的文件 abc.dat 复制到 E 盘，且文件名改为 Myfile.dat。对于这样一个简单的程序应该如何实现？

图 7-3　二进制文件的操作

3．实现操作二进制文件

① 新建工程，添加窗体 Form1。

② 在窗体 Form1 中添加一个命令按钮。

③ 设置控件的属性值，如表 7-3 所示。

表 7-3　图 7-3 窗体和命令按钮控件属性

对　　象	属　　性	属　性　值
窗体	Caption	二进制文件的操作
	Name	Form1
命令按钮	Name	CmdCopy
	Caption	复制

④ 编写事件过程代码。

根据任务要求，是在单击命令按钮时执行相应的功能，所以应该编写命令按钮的单击（Click）事件过程代码。

```
Private Sub CmdCopy_Click()
Dim char As Byte                       '声明变量
Open "D:\abc.dat" For Binary As # 1    '打开源文件
Open "E:\Myfile.dat" For Binary As # 2 '打开目标文件
Do While Not EOF(1)
Get #1,,char                           '从源文件读出一个字节
Put #2,,char                           '将一个字节写入目标文件
Loop
Close#1,#2                             '关闭文件
End Sub
```

⑤ 保存程序，调试运行。

4．相关知识点归纳

（1）二进制文件的打开

对二进制文件的打开操作，用 Open 语句，格式如下：

```
Open 文件名 For Binary As #文件号
```

（2）二进制文件的读写操作

对二进制文件的读/写操作，同随机文件一样用 Put 和 Get 语句。格式如下：

```
Put  #文件号,位置,变量
Get  #文件号,位置,变量
```

（3）二进制文件的关闭

二进制文件的关闭同随机文件和顺序文件一样，用 Close 语句实现。

7.5 文件系统控件

1．文件系统控件

文件系统控件有驱动器列表框（Drive ListBox）、目录列表框（Directory ListBox）和文件列表框（File ListBox）。

2．文件系统控件的作用

可以直接浏览系统目录结构和文件的控件，利用这三个控件编写文件管理程序。

3．使用文件系统控件

如图 7-4 所示，窗体中有一个驱动器列表框，控件名称为 Drive1；一个目录列表框，控件名称为 Dir1；一个文件列表框，控件名称为 File1；执行的事件功能：当在驱动器列表框内选择盘符时，在目录列表框中显示该盘符下的目录；当在目录列表框内选择一个目录时，在文件列表框中显示该目录下的文件。对于这样一个简单的程序应该如何实现？

图 7-4 文件系统控件

4．实现文件系统控件功能

① 新建工程，添加窗体 Form1。

② 在窗体 Form1 中添加一个驱动器列表框 Drive1；一个目录列表框 Dir1；一个文件列表框 File1。

③ 设置文件系统控件的属性值，如表 7-4 所示。

表 7-4 图 7-4 窗体控件属性

对　象	属　性	属　性　值
窗体	Caption	文件系统控件
	Name	Form1
驱动器列表框	Name	Driver1
目录列表框	Name	Dir1
文件列表框	Name	File1

④ 编写事件过程代码。

根据任务要求，编写文件系统控件事件过程代码。

```
Private Sub Drive1_Change()
 Dir1.Path = Drive1.Drive          '将目录列表框的路径设置成驱动器列表框目录
End Sub
Private Sub Dir1_Change()
 File1.Path = Dir1.Path            '将文件列表框的路径设置成目录列表框的路径
End Sub
```

⑤ 保存程序，调试运行。

5．相关知识点归纳

（1）驱动器列表框

① 属性：驱动器列表框及后面介绍的目录列表框、文件列表框有相同的标准属性，包括：Enabled、FontBold、FontItalic、FontName、Height、Left、Name、Top、Visible、Width。此外，驱动器列表框还有一个 Drive 属性，用来设置或返回所选择的驱动器名。其格式为：驱动器列表框名称.Drive[=驱动器名]。

注　意
Drive 属性只能用程序代码设置，不能通过属性窗口设置。

② 事件：每次重新设置驱动器列表框的 Drive 属性时，都将引发 Change 事件。

（2）目录列表框

① 属性：Path 属性适用于目录列表框和文件列表框，用来设置或返回当前驱动器上的路径，其格式为：[窗体.] 目录列表框.| 文件列表框.Path[="路径"]。

注　意
Path 属性只能用程序代码设置，不能通过属性窗口设置。

② 事件：每次重新设置目录列表框的 Path 属性时，都将引发 Change 事件。

在一般情况下，要使目录列表框和驱动器列表框运行同步，只要在驱动器列表框的 Change 事件中写入以下代码即可。

```
Dir1.Path = Drive1.Drive
```

（3）文件列表框

① 属性：

- Pattern 属性：用来设置在执行时要显示的某一种类型的文件。在程序中设置该属性的格式为：文件列表框名.Pattern[=属性值]。
- FileName 属性：用来在文件列表框中设置或返回某一选定的文件名称。文件名可以带有路径的格式为：文件列表框.Filename[=文件名]。
- ListCount 属性：用来返回控件中所列项目的总数。格式为：控件.ListCount。
- ListIndex 属性：用来设置或返回当前控件上所选择项目的"索引值"（即下标）。格式为：控件.LidtIndex[=索引值]。

注　意
该属性只能用程序代码设置，不能通过属性窗口设置。

- List 属性：用来设置或返回各种列表框中的某一项目。格式为：控件.List（索引）[=字符串表达式]。
② 事件：Click 和 DblClick。

> **注 意**
>
> 在实际应用中，驱动器列表框、目录列表框和文件列表框往往需要同步操作，具体的操作方法见图 7-4 例题。

本 章 小 结

VB 为用户提供了多种处理文件的方法，具有较强的文件处理能力。它可以访问顺序文件、随机文件、二进制文件。

本章主要讲述文件的含义、操作、管理及相关操作，从而掌握使用 VB 制作文件系统及操作不同类型文件的方法和技巧。包括：文件的结构、种类及操作流程、顺序文件、随机文件、二进制文件、常用的文件操作语句与函数、文件系统控件。

操作文件的一般步骤如下：

① 打开（或建立）文件。

② 进行读/写操作。

③ 关闭文件。

实 战 训 练

一、选择题

1. 在 Visual Basic 中按文件的访问方式不同，可将文件分为（　　）。

　A．ASCII 文件和二进制文件

　B．文本文件和数据文件

　C．数据文件和可执行文件

　D．顺序文件和随机文件等

2. 要在 D 盘当前文件夹下建立一个名称为 InfoBase.dat 的顺序文件，应使用的语句是（　　）。

　A．Open "InfoBase.dat" For Output As #2

　B．Open "d:\InfoBase.dat" For Output As #2

　C．Open "d:\InfoBase.dat" For Input As #2

　D．Open "InfoBase.dat" For Input As #2

3. 要对顺序文件进行写操作，下列打开文件语句中正确的是（　　）。

　A．Open "file1.txt" For Output As #1

　B．Open "file1.txt" For Input As #1

　C．Open "file1.txt" For Random As #1

　D．Open "file1.txt" For Binary As #1

4. 要向已有数据的 C:\test\test.txt 文件追加数据，正确的文件打开命令是（　　）。

　A．Open "C:\test\test.txt" For Append As #512

　B．Open "C:\test\test.txt" For Append As #511

　C．Open "C:\test\test.txt" For Output As #512

　D．Open "C:\test\test.txt" For Output As #511

5. 要判别顺序文件中的数据是否读完，应使用下列（　　）函数。
   A. Lof()　　　　　B. Loc()　　　　　C. Eof()　　　　　D. FreeFile()

6. Visual Basic 的文件管理控件是（　　）。
   A. 驱动器列表框、目录列表框、文件列表框
   B. 驱动器列表框、目录列表框、组合框
   C. 文本框、目录列表框、文件列表框
   D. 驱动器列表框、图片框、文件列表框

7. 改变驱动器列表框的 Drive 属性将引发（　　）事件。
   A. Load　　　　　B. Click　　　　　C. DblClick　　　　　D. Change

8. 要将记录型变量写入文件中指定位置，使用的语句格式是（　　）。
   A. Get 文件号,记录号,变量
   B. Get 文件号,变量名,记录号
   C. Put 文件号,记录号,变量
   D. Put 文件号,变量名,记录号

9. 对随机文件进行读操作的语句是（　　）。
   A. Get　　　　　B. Put　　　　　C. Write　　　　　D. Print

10. 对二进制文件进行写操作的语句是（　　）。
   A. Get　　　　　B. Put　　　　　C. Write　　　　　D. Print

二、填空题

1. 在 Visual Basic 中，顺序文件的读操作通过＿＿＿、＿＿＿和＿＿＿语句及函数实现。随机文件的读写操作分别通过＿＿＿和＿＿＿语句实现。

2. 在 Visual Basic 中，要对数据文件中的数据进行读写，操作一般要经过三步，即：＿＿＿、＿＿＿和＿＿＿。

3. 若要在 8 号通道上建立顺序文件"c:\dir1\file2.dat"，使用的语句为＿＿＿。

4. 执行语句 Open "TC.dat" For Random As #1 Len=50 后，对文件 TC.dat 中的数据能执行的操作是＿＿＿。

5. 假设在 C 盘根目录下有两个文本文件，分别是 wb1.txt 和 wb2.txt，在窗体中添加一个命令按钮，然后编写如下代码。该程序的功能是把磁盘上文件 wb1.txt 的内容读到内存并在文本框中显示出来，然后再把该文本框中的内容复制到磁盘文件 wb2.txt 中，试将其补充完整。

```
Private sub Command1_click
Dim I as Integer
Dim j as String
Open "c\wb1.txt" for input as #1
Do while not _____
Line input #1,j
I=I+j+chr(13)+chr(10)
Loop
Close #1
Open "c\wb2.txt" for output as #1
Print #1,_____
Close #1
End sub
```

三、操作题

1. 在窗体中添加一个命令按钮，设计成图 7-5 所示的界面。要求：单击命令按钮建立名为 "d:\file1.txt" 的文本文件。文本文件的内容：

静　　　夜　　　思

床前明月光，疑是地上霜。

举头望明月，低头思故乡。

> **提 示**
>
> 根据操作文件的流程，先使用 Open 语句新建文件，再使用 Print 或 Write 语句把静夜思的内容写入文件，最后关闭文件。

2. 在窗体中添加五个标签、五个文本框、两个框架、四个命令按钮。设计成图 7-6 所示的界面。要求：应用随机文件，实现图书信息的查看和添加功能。记录文件中每个记录字段内容包括：编号、书名、作者和价格。程序运行时，将 "D:\Book.dat" 文件打开，并显示第一条记录的内容；如果文件为空，则在信息框中说明并要求输入数据。利用命令按钮可以移动记录进行浏览，可以在文件最后添加新记录。

图 7-5　建立顺序文件

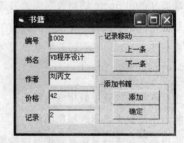

图 7-6　添加记录

> **提 示**
>
> 各个控件的属性值由界面自己设计。首先要添加一个标准模块 Module1，在标准模块中用 Type 建立一个记录结构类型，字符串类型字段用定长字段说明；程序初始化部分在 Form_Load() 和 Form_Activate() 中完成，需要判断随机文件是否存在，并根据判断完成相应的操作；记录移动和添加记录操作由四个命令按钮分别完成。因此，主要通过命令按钮的 Click 事件实现相应运行控制。

第 8 章
Visual Basic 与 Access 2003 数据库应用

学习目标：

- 掌握 Access 2003 数据库的建立方法
- 掌握 Visual Basic 访问数据库的方法
- 掌握 Visual Basic 操作数据的方法
- 掌握使用 Visual Basic 开发系统软件的方法

能力目标：

- 根据不同需求建立数据库的能力
- 根据不同需求访问数据库的能力
- 根据不同需求开发信息管理系统的能力

8.1   如何开发信息系统——成绩管理系统

【任务描述】如图 8-1～图 8-13 所示，以 Visual Basic 6.0 作为开发工具，后台数据库使用 Access 2003，开发成绩管理信息系统。根据高校成绩管理的实际情况，结合本系统开发的要求，要求任务实现以下功能：

① 掌握每个学生每一门课的成绩信息，并记录在数据库中以便其他管理信息系统的使用。

② 分权限管理。在成绩管理中，教师可以对任何一个学生的成绩进行查询和管理；学生只能对自己的成绩进行查看，而且不能对其进行更改。

③ 教师可以对成绩按照课程进行管理，可以对每一门课所修的学生进行添加、删除和修改。

④ 教师可以对成绩按照学生进行管理，可以对每一位学生所选的课程成绩进行添加、删除和修改操作。

⑤ 可以针对某一门课的学生列表及其成绩生成报表并打印。

⑥ 可以针对某一个学生所学课程及其对应的成绩生成报表并打印。

【任务效果】图 8-1～图 8-13 是成绩管理信息系统的效果图，下面是每部分的介绍。

1. 快速显示窗体

运行本系统，将出现快速显示窗体，界面如图 8-1 所示。

图 8-1　快速显示窗体

2. 登录窗体

如果用户在快速显示窗体上的任何位置按下任何一个键，则将退出快速显示窗体，并进入登录窗体。本系统的用户分为两种：学生用户和教师用户，使用者可以在组合框中选择所要登录的用户类型，并输入相应的用户名和密码，如图 8-2 和图 8-3 所示。

在登录窗体中，用户输入用户名、口令，选择各自的类型，并单击"确定"按钮，就会将输入提交给系统以验证用户、密码及身份。如果用户输错 3 次密码，系统将自动退出；如果用户密码正确，则将会进入系统的 MDI 主窗体。

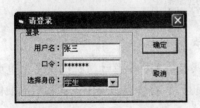
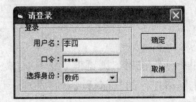

图 8-2　以学生身份登录　　　　　　　　　图 8-3　以教师身份登录

3. MDI 主窗体

在登录窗体中如果用户登录成功，将会出现图 8-4 所示的 MDI 主窗体。

图 8-4　MDI 主窗体

在 MDI 主窗体的主菜单中，设计了 3 项菜单，分别为"通用"、"成绩管理"和"帮助"。

"通用"菜单下有两项子菜单为"重新登录"和"退出系统"。在"帮助"菜单下只有一项子菜单项为"关于"。

若用户以学生身份登录，则在"成绩管理"主菜单下只有一项子菜单为"按学生进行"；若用户以教师身份登录，则在"成绩管理"主菜单下将会有两项子菜单为"按学生进行"和"按课程进行"。根据不同的用户身份，其所能使用的权限也不同。

4．按课程进行成绩管理

本部分只对教师类用户开放，教师类用户借助本模块对所有成绩按照课程进行查看，并进行相应的管理。

（1）frmCourseScore 窗体

用户可以在"课程类型"中选择所要查看课程的类型，然后单击"列出"按钮，这样就会列出属于该类型的课程的基本信息。若用户在"课程类型"下拉列表框中选择"全部"选项，则将会显示出数据库中所有的课程信息，如图 8-5 所示。

图 8-5　课程列表

用户可以使用"浏览框"选项区域中的按钮，在课程信息栏中移动游标的位置，也可以通过双击网格控件的当前行或者将选项卡切换成"成绩信息"，将会看到属于该课程的成绩信息，如图 8-6 所示。

图 8-6　某课程的成绩信息列表

（2）FrmFind 窗体

如果在 frmfCourseScore 窗体中单击"查询"按钮，则会出现一个自定义的查询框，用来查找满足条件的课程信息，并根据这些信息查询其成绩，如图 8-7 所示。

（3）FrmAddStudent 窗体

如果单击"成绩管理"选项区域中的"添加"或者"编辑"按钮，则会出现一个窗体，以供用户添加或者修改当前记录，如图 8-8 所示。

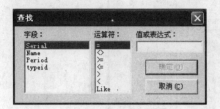

图 8-7　查找满足条件的课程信息

图 8-8　添加或编辑课程成绩

（4）rtpCourseScore 报表

如果在 frmfCourseScore 窗体中单击"报表"按钮，则会产生有关当前课程的所有学生成绩列表的报表 rtpCourseScore，界面如图 8-9 所示。

5.按学生进行成绩管理

（1）以教师身份登录

① frmStudentScore 窗体：如果用户以教师身份登录，则用户可以查看所有学生的基本信息和成绩信息，如图 8-10 和图 8-11 所示。

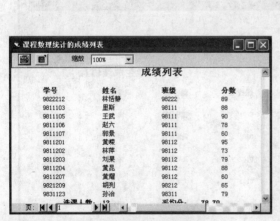

图 8-9　学生的所有成绩列表

图 8-10　查看学生的基本信息

可以单击"所在系"下拉列表框，在其中选择所要查看的系，这样就会在"所在班"下拉列表框中显示出所有属于该系的班级信息，也可以在"所在班"下拉列表框中选择所要查看的学生信息所在的班级，然后单击"列出"按钮，则会列出属于该班级学生的基本信息。若用户在"所在班"下拉列表框中选择"全部"选项，则将会显示出数据库中所有学生的信息。

用户可以使用"浏览框"选项区域中的按钮，在学生基本信息栏中移动游标的位置。通过双击网格控件的当前行或者将选项卡切换到"成绩信息",将会看到当前学生的成绩信息,如图 8-11 所示。

图 8-11　查看学生的成绩信息

② frmFind 窗体:如果在 frmfCourseScore 窗体中单击"查询"按钮,则会出现一个自定义的查询框,用来查找满足条件的学生信息,并根据这些信息查询其成绩,如图 8-12 所示。

③ rptStudnetScore 报表:如果在 frmfCourseScore 窗体中单击"报表"按钮,则会产生有关当前学生所有成绩列表的报表 rtpStudentScore,如图 8-13 所示。

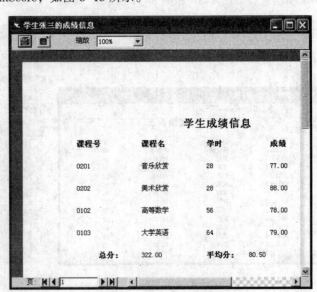

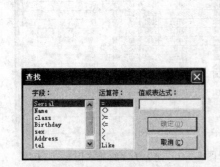

图 8-12　查找满足条件的学生信息　　　　图 8-13　学生张三的成绩信息

（2）以学生身份登录

如果用户是以学生身份登录,而且用户选择"成绩管理"|"按学生进行"命令,那么也将出现图 8-10 和图 8-11 所示的窗体。但是界面中的查询框、浏览框和成绩管理框都是不可用的,而且在学生基本信息列表中只显示其本人的信息。

从以上图中可以看出，其中包含 VB 的窗体控件、数据控件、ADO 数据控件及 SQL 语言等。要实现成绩管理系统就必须掌握这些知识点，下面就将学习这些知识点。

8.2 数据库管理器

1．数据库管理器

数据库管理器是 VB 自带的一种数据库制作工具。

2．数据库管理器的作用

可以利用可视化数据库管理器创建多种类型的数据库。

3．使用数据库管理器

可以通过选择"外接程序" | "可视化数据管理器"命令将它打开，如图 8-14 所示。

图 8-14　可视数据管理器

4．使用数据库管理器创建数据库

① 选择"文件" | "新建"命令，出现数据库类型选择菜单。单击数据库类型菜单中的 Microsoft Access 将出现版本子菜单，在菜单中选择要创建的数据库版本，如图 8-15 所示。

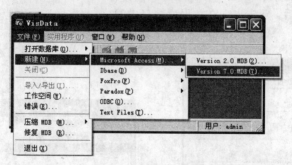

图 8-15　新建一个 Access 数据库文件

② 选择要创建的数据库类型及版本后，出现新建数据库对话框，在此对话框中，输入要创建的数据库名（如"stu.mdb"）及其路径。

③ 此时，在可视化数据库管理器窗口中出现"数据库窗口"和"SQL 语句"窗口，如图 8-16 所示。"数据库窗口"以树形结构显示数据库中的所有对象，右击并弹出快捷菜单，选择"新建表"、"刷新列表"等命令。

④ 在"数据库窗口"中右击，弹出快捷菜单，选择"新建表"命令便可为数据库添加一个新表。

⑤ 屏幕出现图 8-17 所示的"表结构"对话框。在这个对话框中，输入新表的名称，并可以添加字段，如图 8-18 所示，也可从表中删除字段以及添加或删除作为索引的字段。

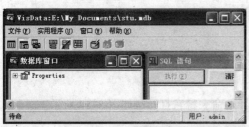

图 8-16　数据库窗口

图 8-17　"表结构"对话框

⑥ 添加字段完成后，单击"添加字段"对话框中的"关闭"按钮。回到图 8-17 所示的"表结构"对话框，单击"添加索引"按钮，出现"添加索引"对话框，选择索引字段为"学号"，输入索引字段名为"ID"，单击"确定"按钮。

⑦ 完成上述步骤后，单击"生成表"按钮，会在"数据库窗口"中出现数据表 stu，如图 8-19 所示。

⑧ 当一张表建立后，可以再建立另一张表。如果要在已经存在的数据库文件内增加一张新表，只需要在数据管理器文件菜单中选择打开数据库命令，其余操作过程与建立数据表的操作相同。

⑨ 当数据表建好后，双击出现在数据库窗口中的 stu 表名，选择对应命令进行添加、编辑、增删记录等操作。

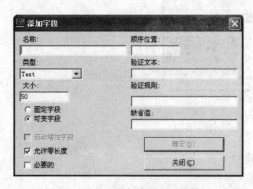

图 8-18　"添加字段"对话框

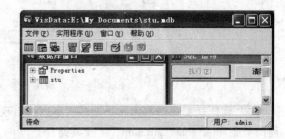

图 8-19　出现数据表 stu

8.3　数据控件的使用

1. 数据控件

数据控件（Data）提供了一种方便地访问数据库中数据的方法，使用数据控件无须编写代码，就可以对 VB 所支持的各种类型的数据库执行大部分数据访问操作。数据控件本身不能显示和直接修改记录，只能在与数据控件相关联的数据约束控件中显示各个记录。

可以作为数据约束控件的标准控件有：文本框、标签、图片框、图像框、检查框、列表框、组合框、OLE 控件 8 种。

2．数据控件的作用

数据控件是 VB 访问数据库的一种利器，它通过 Microsoft JET 数据库引擎接口实现数据访问。数据控件能够利用三种 RecordSet 对象来访问数据库中的数据，数据控件提供有限的简单编程而能访问现存数据库的功能。允许将 Visual Basic 的窗体与数据库进行连接。

3．使用数据控件

如图 8-20 所示，窗体中有九个命令按钮、五个标签、五个文本框和一个数据控件 Data。执行的事件的功能为，单击相应的命令按钮时，执行相应的功能。对于这样一个简单的浏览数据库中的数据应该如何实现呢？

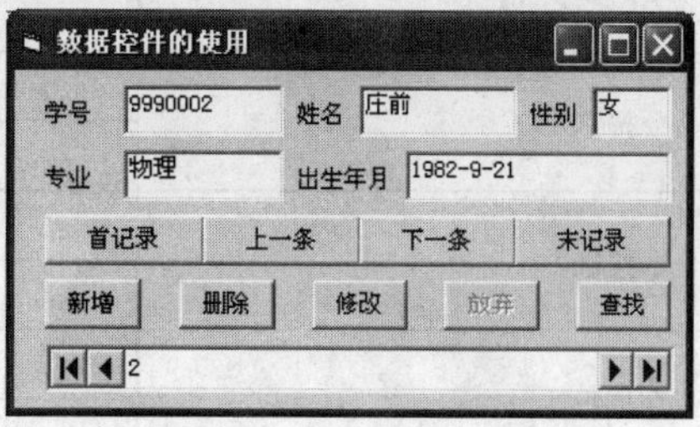

4．实现命令按钮功能

① 新建工程，添加窗体 Form1。

② 使用可视化管理器建立一个 Access 数据库 stu.mdb，包含 student 表。其结构如表 8-1 所示。

图 8-20　数据库控件的使用

表 8-1　student 表结构

字　段　名	字　段　说　明	类　　型	长　　度	备　　注
No	学号	文本	7	主关键字
Name	姓名	文本	6	
Sex	性别	文本	2	
zy	专业	文本		
Birthday	出生年月	日期/时间		

表结构建好后，输入几条记录。

③ 在窗体 Form1 中添加九个命令按钮、五个标签、五个文本框和一个数据控件 Data1。

④ 设置各个控件的属性值，如表 8-2 所示。

表 8-2　图 8-20 窗体控件属性

对　　象	属　　性	属　性　值
窗体	Name	Form1
	Caption	数据控件的使用
数据控件	Name	Data1
	DataBaseName	F:\学生基本信息\stu.mdb
	RecordSet	student
标签 1	Caption	学号
标签 2	Caption	姓名
标签 3	Caption	性别

续表

对　象	属　性	属　性　值
标签 4	Caption	专业
标签 5	Caption	出生年月
命令按钮	Name	cmdFirst
	Caption	首记录
命令按钮	Name	cmdPrevious
	Caption	上一条
命令按钮	Name	CmdNext
	Caption	下一条
命令按钮	Name	CmdLast
	Caption	末记录
命令按钮	Name	CmdAdd
	Caption	新增
命令按钮	Name	CmdDelete
	Caption	删除
命令按钮	Name	Cmdedit
	Caption	修改
命令按钮	Name	CmdCancel
	Caption	放弃
	Enabled	False
命令按钮	Name	CmdFind
	Caption	查找
文本框 1	DataSource	Data1
	DataField	No
文本框 2	DataSource	Data1
	DataField	Name
文本框 3	DataSource	Data1
	DataField	Sex
文本框 4	DataSource	Data1
	DataField	zy
文本框 5	DataSource	Data1
	DataField	birthday

⑤ 编写事件过程代码。

根据任务要求，是在单击各个命令按钮时执行相应的功能，所以应该编写各个命令按钮的单击（Click）事件过程代码。

```
Private Sub Data1_Reposition()
    Data1.Caption = Data1.Recordset.AbsolutePosition + 1  '在数据控件上记录号
End Sub
```

```vb
Private Sub cmdFirst_Click()
    Data1.Recordset.MoveFirst      '移动到第一条记录
End Sub
Private Sub CmdLast_Click()
    Data1.Recordset.MoveLast       '移动到最后一条记录
End Sub
Private Sub cmdNext_Click()
    Data1.Recordset.MoveNext       '移动到下一条记录，若到最后移动到最后一条记录
    If Data1.Recordset.EOF Then Data1.Recordset.MoveLast
End Sub
Private Sub CmdPrevious_Click()
    Data1.Recordset.MovePrevious '移动到上一条记录，若到首记录移动到第一条记录
    If Data1.Recordset.BOF Then Data1.Recordset.MoveFirst
End Sub
Private Sub cmdAdd_Click()
    cmdDelete.Enabled = Not cmdDelete.Enabled          '增加记录
    cmdEdit.Enabled = Not cmdEdit.Enabled
    cmdCancel.Enabled = Not cmdCancel.Enabled
    cmdFind.Enabled = Not cmdFind.Enabled
    If cmdAdd.Caption = "新增" Then
        cmdAdd.Caption = "确认"
        Data1.Recordset.AddNew
        Text1.SetFocus
    Else
        cmdAdd.Caption = "新增"
        Data1.Recordset.Update
        Data1.Recordset.MoveLast
    End If
End Sub
Private Sub cmdDelete_Click()
    Data1.Recordset.Delete                            '删除记录
    Data1.Recordset.MoveNext
    Data1.Recordset.MoveNext
    If Data1.Recordset.EOF Then Data1.Recordset.MoveLast
End Sub
Private Sub cmdEdit_Click()
    cmdAdd.Enabled = Not cmdAdd.Enabled               '修改记录
    cmdDelete.Enabled = Not cmdDelete.Enabled
    cmdCancel.Enabled = Not cmdCancel.Enabled
    cmdFind.Enabled = Not cmdFind.Enabled
    If cmdEdit.Caption = "修改" Then
        cmdEdit.Caption = "确认"
        Data1.Recordset.Edit
        Text1.SetFocus
    Else
        cmdEdit.Caption = "修改"
        Data1.Recordset.Update
    End If
End Sub
```

```
Private Sub cmdCancel_Click()                           '放弃增加、修改、删除记录
    cmdAdd.Caption = "新增": cmdEdit.Caption = "修改"
    cmdAdd.Enabled = True: cmdDelete.Enabled = True
    cmdEdit.Enabled = True: cmdCancel.Enabled = False
    cmdFind.Enabled = True
    Data1.UpdateControls
    Data1.Recordset.MoveLast
End Sub
Private Sub cmdFind_Click()
    Dim xh As String
    xh = InputBox$("请输入学号", "查找窗口")
    Data1.Recordset.FindFirst "No='" & xh & "'"        '根据学号查找
    If Data1.Recordset.NoMatch Then MsgBox "无此学号! ", , "提示"
End Sub
```

⑥ 保存程序，调试运行。

5. 相关知识点归纳

（1）数据控件常用的属性

① Connect 属性：指定数据控件所要连接的数据库类型，Visual Basic 6.0 提供了以下 7 种可访问的数据库类型：

- Microsoft Access 的 MDB 文件（缺省值）。
- Borland dBASE、Microsoft Foxpro 的 DBF 文件。
- Borland Paradox 的 DB 文件。
- Novell Btrieve 的 DDF 文件。
- Microsoft Excel 的 XLS 文件。
- Lotus 的 WKS 文件。
- Open DataBase Connectivity（ODBC）数据库。

② DatabaseName 属性：指定具体使用数据库的名称，包括所有的路径名。

如果连接的是单表数据库，则 DatabaseName 属性应设置为数据库文件所在的子目录名，而具体文件名放在 RecordSource 属性中。

如果在"属性"窗口中单击 DatabaseName 属性右边的按钮，会出现一个公用对话框，用于选择相应的数据库。

例如，设置可访问的数据库名称。如果连接一个 Access 数据库（C:\stu.mdb），则 Data1.DatabaseName="C:\stu.mdb"；如果连接一个 FoxPro 数据库（C:\zgc\stu1.dbf），因为 FoxPro 数据库只含有一个表，则 Data1.DatabaseName="C:\zgc"，RecordSource="stu1.dbf"。如果未写出数据库文件的扩展名，则默认情况下使用以.mdb 为扩展名的数据库文件。

③ RecordSource 属性：确定具体可访问的数据，这些数据构成记录集对象 Recordset，即在某一时刻对应于某个表或视图，有时也可以是多个表连接。

④ RecordsetType 属性：确定记录集类型。

⑤ ReadOnly 属性：在对数据库只查看不修改时，通常将 ReadOnly 属性设置为 True，而在运行时根据一定的条件，响应一定的指令后，才将其设置为 False。

⑥ Exclusive 属性：值设置为 True 时，则在通过关闭数据库撤销这个设置前，不能对数据库进行访问。这个属性的缺省值是 False。

⑦ BOFAction、EOFAction 属性：当 BOFAction 值为 0，控件重定位到第一个记录；BOFAction 值为 1，移过记录集开始位，定位到一个无效记录，触发数据控件对第一个记录的无效事件。EOFAction 值为 1，移过记录集结束位，定位到一个无效记录，触发数据控件对最后一个记录的无效事件；EOFAction 值为 2，向记录集加入新的空记录，可以对新记录进行编辑，移动记录指针将新记录写入数据库。

（2）数据绑定控件常用属性

要使文本、标签等控件与数据控件捆绑在一起，成为数据控件的绑定控件。并且受到数据库约束，必须在运行时对这些控件的两个属性进行设置：

① DataSource 属性：将一个有效的数据控件与一个数据库连接。

② DataField 属性：设置数据库有效的字段与绑定控件建立联系。

绑定控件、数据控件和数据库三者关系如图 8-21 所示。

图 8-21 数据控件、绑定控件和数据库的关系

（3）数据控件的事件

① Reposition 事件：发生在一条记录成为当前记录后。只要改变记录集的指针使其从一条指针移到另一条记录，就会产生 Reposition 事件。可以在该事件过程中建立程序，能反映出记录位置、记录总数等。

② Validate 事件：当要移动记录指针、修改与删除记录或卸载含有数据控件的窗体时，触发 Validate 事件。Validate 事件检查被数据绑定控件内的数据是否发生变化。它通过 save 参数（True 或 False）判断是否有数据发生变化；Action 参数判断哪一种操作触发 Validate 事件。Action 参数如表 8-3 所示。

表 8-3 Validate 事件的 Action 属性

Action 值	描 述	Action 值	描 述
0	取消对数据控件的操作	6	Update
1	MoveFirst	7	Delete
2	MoveFrevious	8	Find
3	MoveNext	9	设置 Bookmark
4	MoveLast	10	Close
5	AddNew	11	卸载窗体

（4）数据控件的常用方法

① Refresh 方法：如果在设计状态没有为打开数据控件有关属性的全部赋值，或当 RecordSource 在运行时被改变以后，必须使用激活数据控件的 Refresh 方法激活。

② UpdateCountrols 方法：可以将数据从数据库中重新读到被数据控件绑定的控件（绑定内控件）内。使用 UpdateCountrols 方法终止用户对绑定内控件的修改。

③ UpdateRecord 方法：当对绑定内的控件修改后，数据控件需要移动记录集的指针才能保存修改，如果使用 UpdateRecord 方法可强制数据控件将绑定控件内的数据写入到数据库中而不

再触发 Vaildate 事件。在代码中用该方法进行修改。

（5）记录集（RecordSet）的属性与方法

① AbsolutePosition 属性：返回当前指针值，如果是第一条记录，其值为 0。

注 意

该属性是只读属性，只能在程序代码中使用，不能在属性窗口中设置。

② Bof 和 Eof 属性：Bof 判定是否在首记录之前，若 Bof 为 True，则当前位置位于记录集的第一条记录之前。与此类似，判定 Bof 是否在末记录之后。

③ BookMark 属性：用于返回或设置当前指针的标签。

注 意

在程序中可以使用此属性重定位记录集指针，但不能用 AbsolutePosition 属性。

④ NoMarch 属性：在记录集中进行查找时，如果找到相匹配的记录，则 RecordSet 的 NoMath 属性为 False；否则为 True。

⑤ RecordCount 属性：对 Recordset 对象中的记录计数，该属性为只读属性。

⑥ Move 方法：使用 Move 方法可代替对数据库控件对象的 4 个箭头的操作遍历整个表中的记录。共有 5 种 Move 方法：

- MoveFirst 方法移至第一条记录。
- MoveLast 方法移至最后一条记录。
- MoveNext 方法移至下一条记录。
- MovePrevious 方法移至上一条记录。
- Move[n]方法向前或向后移动 n 条记录，n 为指定的数值。

语法格式：数据集合.Move 方法。如 Data1.RecordSet.MoveFirst。

⑦ Find 方法：使用 Find 方法可在指定类型的记录集（RecordSet）对象中查找与指定条件相符的一条记录，并使之成为当前记录。共有 4 种 Find 方法：

- FindFirst 方法从记录集中查找满足条件的第一条记录。
- FindLast 方法从记录集中查找满足条件的最后一条记录。
- FindNext 方法从当前记录开始查找满足条件的下一条记录。
- FindNext 方法从当前记录开始查找满足条件的上一条记录。

语法格式：数据集合.Find 方法 条件。

（6）记录的增、删、改操作

- AddNew 方法：加入一条新记录到记录集内存缓冲区。
- Edit 方法：允许对当前记录进行修改。
- Delete 方法：用于删除当前记录。
- Update 方法：把内存缓冲区的内容写进数据库文件，保存对数据库所作的改动。
- Close 方法：关闭记录集和数据库。该方法也能用在数据库对象上，将数据库关闭。

8.4 SQL

1. SQL 的定义

结构化查询语言 SQL 是操作数据库的工业标准语言，许多数据库和软件系统都支持 SQL 或提供 SQL 接口。

2. SQL 的作用

SQL 的核心是查询，即从数据库中获取数据。

3. 使用 SQL

在图 8-20 中，将"查找"命令按钮功能改用 SQL 语言处理，显示某专业的学生记录。对于这样一个简单的查询功能应该如何实现？

4. 实现 SQL 查询功能

编写事件过程代码如下：

```
Private Sub cmdFind_Click()
    Dim mzy As String
    mzy = InputBox$("请输入专业","查找窗")
     '使用 Select 语句查询某专业的学生记录
    Data1.RecordSource = "select *from  student where zy='" & mzy & "'"
    Data1.Refresh
    If Data1.Recordset.EOF Then
        MsgBox "无此专业",,"提示"
        Data1.RecordSource = "student"
        Data1.Refresh
    End If
End Sub
```

5. 相关知识点归纳

（1）SQL 命令

SQL 常用的命令如表 8-4 所示。

表 8-4　SQL 常用命令

命　　令	描　　述
CREATE	用来创建新的表、字段和索引
DELETE	用来从数据库表中删除记录
INSERT	用来在数据库中用单一的操作加载数据
SELECT	用来在数据库中查找满足特定条件的记录
UPDATE	用来改变特定记录和字段的值

（2）查询语句 Select

其语法格式为：

```
SELECT  字段表 FROM  <基本表名或视图名>
WHERE  查询条件
GROUP BY  分组字段
HAVING 分组条件
ORDER BY  字段  [ASC 或 DESC]
```

其中，各子句的功能如表 8-5 所示。

表 8-5　Select 子句的功能

命　　令	描　　　　　述
FROM	用来为从其中选定记录的表命名
WHERE	用来指定所选记录必须满足的条件
GROUP BY	用来把选定的记录分成特定的组
HAVING	用来说明每个组需要满足的条件
ORDER BY	用来按特定的次序将记录排序

在程序运行时，可以通过使用 SQL 语句设置数据控件的 RecordSource 属性，这样可以建立与数据控件相关联的数据集。在使用 SQL 语句的查询功能时并不影响数据库中的任何数据，只是在数据库中检索符合某种条件的数据记录。

例如：

① Data.RecordSource＝"SELECT 姓名,学号　FROM　 学生情况表"

作用是将"学生情况表中"的"姓名"、"学号"两列的所有记录都挑选出来。这样与数据控件相关联的数据集只是该 SQL 查询的结果。

② Data.RecordSource＝"SELECT * FROM stu "

其中的"*"表示查询 stu 表中的所有列。

③ Data.RecordSource＝"SELECT 姓名 FROM stu WHERE 性别='女'"

该查询语句挑选 stu 表中性别为"女"的记录的"姓名"字段。

8.5　ADO 数据控件

1. ADO 数据控件

ADO 数据控件是 ActiveX 外部控件，它的用途以及外形都和 Data 控件相似，但它是通过 Microsoft ActiveX 数据对象（ADO）来建立对数据源的连接的，凡是符合 OLE DB 规范的数据源都能与其连接。ADO 数据控件通过属性实现了对数据源的连接。创建连接时，可以采用下列源之一：一个连接字符串、一个 OLE DB 文件（MDL）、一个 ODBC 数据源名称（DSN）。当使用 DSN 时，无须更改控件的其他属性。

2. ADO 数据控件的作用

ADO 数据控件使用 Microsoft ActiveX 数据对象（ADO）快速地在数据绑定控件和数据库之间建立联系。它可以连接本地数据库和远程数据库，也可以打开数据库中特定的表，还可以基于数据库中的所有表使用 SQL 查询、存储过程或视图产生记录。同样，ADO 数据控件还可以将数据传递给数据绑定控件，并根据数据绑定控件显示的变化更新数据库。

图 8-22　数据网格控件

3. 使用 ADO 数据控件

如图 8-22 所示，在窗口中有一个 DataGrid 数据网格控件和一个 ADO 数据控件来连接 Stu.mdb 数据库。要求程序运行时浏览数据库表中的数据。对于这样的浏览数据库中的数据应该如何实现？

4. 实现 ADO 数据控件功能

① 新建工程，添加窗体 Form1。

② 使用可视化管理器建立一个 Access 数据库 stu.mdb，包含 student 表，其结构如表 8-1 所示。表结构建好后，输入几条记录。

③ 在窗体 Form1 中添加一个 ADO 数据控件 ADODC1 和一个数据网格控件 DataGrid1。添加的步骤如下：

a. 选择"工程"|"部件"命令，并在随即出现的"控件"对话框中选择 Microsoft ADO Data Control 6.0（OLEDB）和 Microsoft DataGrid Control 6.0（OLEDB）选项将其添加到工具箱中。

b. 在窗体上放置 ADO 数据控件和 DataGrid 控件，控件名采用默认名"Adodc1"和"DataGrid1"。

④ 选中 ADO 数据控件，单击属性窗口中的 ConnectionString 属性右边的"…"按钮，弹出"属性页"对话框，如图 8-23 所示。

在该对话框中允许通过以下方式连接数据源。

a. "使用 Data Link 文件"表示通过一个连接文件来完成。在 Windows 桌面上创建数据连接文件的步骤如下：

● 用鼠标右击桌面，在弹出的快捷菜单中选择"新建"|"Microsoft 数据连接"命令。

● 桌面上产生一个数据连接文件图标，命名连接文件名。

● 用鼠标右击图标，在弹出的快捷菜单中选择"属性"命令。

● 在打开的属性对话框中通过提供者与连接选项卡连接指定的数据库。

b. "使用 ODBC 数据资源名称"可以通过下拉菜单选择某个创建好的数据源名称（DSN）作为数据来源。

c. "使用链接字符串"需要单击"生成"按钮，通过选项设置自动产生连接字符串的内容。

⑤ 采用"使用链接字符串"方式连接数据源。单击"生成"按钮，打开"数据链接属性"对话框，如图 8-24 所示。

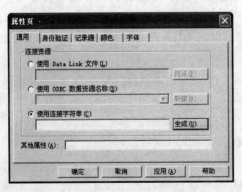

图 8-23　ConnectionString 的属性页

图 8-24　"数据链接属性"对话框

⑥ 单击"下一步"按钮，选择数据库，如图 8-25 所示。

⑦ "测试连接"成功后，单击"确定"按钮，回到"属性页"对话框，单击"属性页"对话框中的"记录源"选项卡，如图 8-26 所示。在"命令类型"下拉列表中选择 2—adCmdTable 选项，在"表或存储过程名称"下拉列表中选择 Stu. mdb 数据库中的"Student"表，关闭记录源"属性页"对话框。此时，已完成了 ADO 数据控件的连接工作。

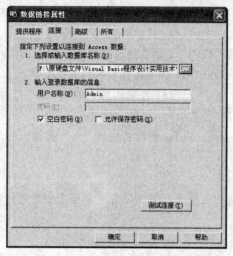

图 8-25　选择数据库连接对话框

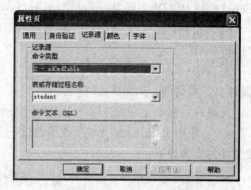

图 8-26　记录源属性页

⑧ 将 Datagrid1 的 DataSource 属性设置为"Adodc1"，并右击"Datagrid1"，在弹出的快捷菜单中选择"检索字段"命令。然后将检索的字段通过编辑菜单调整好大小。运行结果如图 8-22 所示。

5. 相关知识点归纳

（1）ADO 数据控件常用的属性

- ConnectionString 属性：使用该属性与数据库建立连接。在设计阶段，应当为该属性设置一个有效的连接字符串。该连接字符串既可以自己书写，也可由系统自动生成。建议由系统自动生成。
- RecordSource 属性：确定具体可访问的数据，这些数据构成记录集对象 Recordset。该属性值可以是数据库中的单个表名，一个存储查询，也可以是使用 SQL 查询语言的一个查询字符串。
- ConnectionTimeout 属性：用于数据连接的超时设定，若在指定时间内连接不成功显示超时信息。
- axRecords 属性：定义从一个查询中最多能返回的记录数。
- 其他属性：随着 ADO 对象模型的引入，Visual Basic 6.0 除了保留以往的一些数据连接控件外，又提供了一些新的成员对不同类型的数据进行连接。这些新成员主要有 DataGrid、DataCombo、DataList、DataReport 和 MonthView 等控件。

（2）数据绑定控件常用属性

在绑定控件上不仅对 DataSource 和 DataField 属性在连接功能上做了改进，又增加了 DataMember 与 DataFormat 属性，使数据访问的队形更加完整。DataMember 属性允许处理多个数据集，DataFormat 属性用于指定数据内容的显示格式。

6．拓展知识介绍

利用 ADO 数据控件编程的步骤如下：

① 将 ADO 控件添加到工具箱中。

② 在窗体上添加 ADO 数据控件，设置其 ConnectionString 属性和 RecordSource 属性。

③ 在窗口中添加数据绑定控件，并设置其 DataSource 属性和 DataField 属性，如有必要，也可以对绑定控件的 DataFormat 属性进行设置。所有这些属性均可在程序运行期间动态设置。

④ 对 ADO 数据控件的部分事件添加代码。

⑤ 使用 ADO 控件的 RecordSet 属性，用代码对记录集中的记录进行全面地操作，其使用方法和原有 Data 控件的方法相似。

练一练

按照以上步骤，将图 8-20 所示的 Data 控件编制的实例改成使用 ADO 数据控件的情况。

8.6 实现成绩管理系统的具体方法

【任务实现】实现图 8–1～图 8–13 所示的成绩管理系统。

提 示

本系统前台使用 VB 6.0 中文版作为开发工具，后台数据库采用 Access 2003；根据高校成绩管理的实际要求，结合系统开发的要求，本系统需要实现功能如下：

① 掌握每个学生每门课的成绩信息，并记录在数据库中以便其他管理信息系统的使用。

② 分权限管理。在成绩管理中，教师可以对任何一个学生的成绩进行查询和管理；但是对学生类用户，只能对自己的成绩进行查看，不能对其更改。

③ 教师类用户可以对成绩按照课程进行管理，可以对每一门课所修的学生进行添加、删除和修改。

④ 教师类用户可以对成绩按照学生进行管理，可以对每一学生所选的课程进行添加、删除和修改。

⑤ 可以针对某一门课的学生列表及其成绩生成报表，并打印。

⑥ 可以针对某一个学生所选课程及其对应的成绩生成报表，并打印。

8.6.1 数据库设计

本系统将使用 Access 2003 作为数据库管理系统，在 Access 2003 中，新建一个数据库，将其命名为 Score.mdb，将新建的数据库放置在应用程序的目录中，以便调用。

① 成绩表（Score）的设计，表结构如表 8-6 所示。

表 8-6 成绩表

字段名	字段说明	类 型	宽 度	备 注
Id	Id 号	自动编号	长整型	递增
StudnetID	学号	文本		为主关键字之一，对应于 Student 表的 Serial 字段
CourseID	课程编号	文本		为主关键字之一，对应于 Score 表的 Serial 字段
Score	分数	数字	整型	

② 学生表（Student）、班级表（Class）和系表（Department）的设计，表结构分别如表 8-7 ~ 表 8-9 所示。

表 8-7　学生表

字段名	字段说明	类型	宽度	备注
Serial	学号	文本	7	主关键字
Name	姓名	文本	10	不能为空
Class	班级	文本	5	不能为空，对应于 Class 表的 Name 字段
Birthday	生日	日期/时间		不能为空
Sex	性别	文本	2	默认值为"男"
Address	家庭地址	文本	30	可以为空
Tel	电话	文本	15	可以为空
Resume	简历	备注	500	可以为空

表 8-8　班级表

字段名	字段说明	类型	宽度	备注
Id	部门编号	数字	长整型	主关键字
Name	部门号	文本		不能为空

表 8-9　系表

字段名	字段说明	类型	宽度	备注
Name	班级名	文本	5	主关键字
Dept_id	班级所属的部门编号	数字	长整型	不能为空，对应 Department 表的 Id 字段

③ 课程表（Course）和课程类型表（CourseType）的设计，表结构分别如表 8-10 和表 8-11 所示。

表 8-10　课程表

字段名	字段说明	类型	宽度	备注
Serial	课程编号	文本	50	主关键字
Name	课程姓名	文本	50	不能为空，且不能重复
Period	课程学时数	数字	长整型	默认为 32
Typeid	课程类型号	数字	长整型	默认为 0，对应于 CourseType 的 id 字段

表 8-11　课程类型表

字段名	字段说明	类型	宽度	备注
Id	类型编号	自动编号	递增	主关键字
Name	类型名称	文本	50	不能为空

④ 教师表（Teacher）的设计，表结构如表 8-12 所示。

表 8-12　教师表

字段名	字段说明	类型	宽度	备注
Serial	学号	文本	7	主关键字
Name	姓名	文本	10	不能为空
Dept_id	所属部门的编号	文本	5	不能为空，对应于 Department 表的 Id 字段
Schooling	学历	文本	50	可以为空
Title	成绩职称	文本	50	可以为空
Birthday	生日	日期/时间		不能为空
Sex	性别	文本	2	默认值为"男"
Address	家庭地址	文本	30	可以为空
Tel	电话	文本	15	可以为空
Resume	简历	备注	500	可以为空

以上各表的关系

从实际的成绩管理来说，上述所涉及的各个表之间存在着紧密的联系。根据这一情况，需要建立各个表相应字段之间的关系，定义以下几组参照完整性：

- 每一项成绩属于且只属于一个学生，所以建立 Student 表中 Serial 字段和 Score 表中 StudentID 字段的一对多关系。
- 每一项成绩属于且只属于一门课程，所以建立 Course 表中 Serial 字段和 Score 表中 CourseID 字段的一对多关系。
- 由于每一门课程属于且只属于一种课程类型，建立 CourseType 表中 ID 字段和 Course 表中 Typeid 字段的一对多关系。
- 每一个学生属于且只属于一个班级，所以建立 Class 表中 Name 字段和 Student 表中 Class 字段的一对多关系。
- 每一个班级属于且只属于一个系，所以建立 Department 表中 Id 字段和 Class 表中 dept_id 字段的一对多关系。
- 每一个教师属于且只属于一个系，所以建立 Department 表中 Id 字段和 Teacher 表中 dept_id 字段的一对多关系。

以上关系如图 8-27 所示。

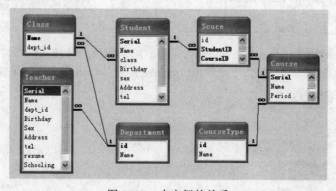

图 8-27　表之间的关系

8.6.2 创建工程

在 VB 6.0 中创建一个工程，命名为 Score. vbp，将所建的 Score.mdb 数据库复制到工程目录中，以便建立数据连接。

8.6.3 建立数据连接

本系统将使用 ADO 作为数据连接的方式。在使用 ADO 以前，必须在工程中添加对 ADO 的引用。具体方法：选择"工程"|"引用"命令，在打开的"引用"对话框中选择"ActiveX data objects 2.7 Library"选项后单击"确定"按钮。

1. 数据环境设计器的属性设置

本系统采取 ADO 作为数据连接方式，同时采取"数据环境设计器"作为数据连接 ADO 的载体。在工程中添加一个数据环境，并命名为 DataEnv。

在添加一个数据环境设计器前，需要引用数据环境设计器，具体方法参见 8.5 节所述。

在数据环境设计器中将 Connection 对象，命名为 Con，查看 Con 属性，在"提供者"选项卡中选择"Microsoft Jet 4.0 OLE DB Provider"选项，并单击"下一步"按钮。具体方法见参 8.5 节所述。

2. 数据连接的初始化代码

在数据环境的初始化事件中，动态改变数据连接 Con 的连接字段 ConnectionString。

```
Private Sub DataEnvironment_Initialize()         'ADO 中的数据连接所使用的字段
    Dim strConn As String
    strConn = "Provider=Microsoft.Jet.OLEDB.4.0;Password=;Data Source="
    strConn = strConn & App.Path & "\score.mdb" & ";Persist Security Info=True"
    Con.ConnectionString = strConn
End Sub
```

8.6.4 系统的初始化和登录机制

1. mdlStandard 模块

（1）全局变量的设置

本系统是一个分权限的系统，需要定义全局变量，用来表示用户的身份以及登录的用户名。在工程中添加一个"模块"，并命名为 mdlStandard，在该模块的"通用"字段中，定义两个全局变量，分别表示用户的身份和用户名。

```
Public gnUserType As Integer              '0 表示教师身份；1 表示学生身份
Public gsUserName  As String
```

（2）启动窗体

设计 Main()函数过程，在该模块中，首先要对所定义的两个全局变量进行初始化，之后出现快速显示窗体（frmSplash），如果用户退出 frmSplash 窗体，则会进入登录窗体（frmLogin），Main()函数子过程的代码如下：

```
Sub Main()
    gnUserType = 0
    gsUserName = ""
    frmSplash.Show vbModal
    frmLogin.Show
End Sub
```

> **注　意**
>
> 　　在 Main()函数过程中，当调用 frmSplash 窗体的 Show 方法时，使用了 vbModal 参数，表示以模式窗体的形式调用 frmSplash。本系统将使用 Main()函数子过程来作为系统的启动对象。

2．Splash 窗体

（1）界面设计

在工程中添加类型为"展示屏幕"的窗体，命名为 frmSplash.frm。该窗体上的控件及属性设置如表 8-13 所示。

表 8-13　图 8-1 窗体控件属性

对　　象	属　　性	属　性　值
窗体	Name	frmSplash
	Caption	为空
	BorderStyle	3-Fixed Dialog
框架	Name	fraEdge
	Caption	为空
图像框	Name	ImgLogo
	DataFormat	图片
标签	Name	lblInfo
	Index	0
	Caption	成绩管理系统
标签	Name	lblInfo
	Index	1
	Caption	1.0.0
标签	Name	lblInfo
	Index	2
	Caption	开发环境：Visual Basic 6.0
标签	Name	lblInfo
	Index	3
	Caption	数据环境：Access
标签	Name	lblInfo
	Index	4
	Caption	版权所有，违者必究！
标签	Name	lblInfo
	Index	5
	Caption	授权给：任何给本系统提出宝贵意见的人

（2）代码设计

在下列控件的 Click 事件中添加如下代码：

```
'单击窗体上的任何部分或者按键任一个键，都将调用 Unload Me 语句，退出本窗体
Private Sub fraEdge_Click()
    Unload Me
```

```
End Sub
Private Sub imgLogo_Click()
    Unload Me
End Sub
Private Sub lblInfo_Click(Index As Integer)
    Unload Me
End Sub
```

在窗体的 **KeyPress** 事件中，也调用了 Unloadform 过程：

```
Private Sub Form_KeyPress(KeyAscii As Integer)
    Unload Me
End Su
```

3. 登录窗体的设计

（1）界面设计

在工程中添加类型为"登录对话框"的类型，命名为 frmLogin.frm。该窗体上的控件及属性设置如表 8-14 所示。

表 8-14　图 8-2 窗体控件属性

对　象	属　性	属 性 值
窗体	Name	frmLogin
	Caption	请登录
	BorderStyle	3-Fixed Dialog
框架	Name	fraLogin
	Caption	登　录
图像框	Name	ImgLogo
	DataFormat	图片
标签	Name	lbllabels
	Index	0
	Caption	用户名：
标签	Name	lbllabels
	Index	1
	Caption	口令：
标签	Name	lbllabels
	Index	2
	Caption	选择身份：
文本框	Name	txtUser
文本框	Name	txtPwd
组合框	Name	cboUserType
	List	教师　　学生
命令按钮	Name	Cmdok
	Caption	确定
命令按钮	Name	CmdCancel
	Caption	取消

（2）代码设计

① 确定用户身份：

```
'如果用户改变了组合的内容，则通过其 Change 和 Click 事件，将 gnUserType 的值更新
Private Sub cboUserType_Change()
    gnUserType = cboUserType.ListIndex
End Sub
Private Sub cboUserType_Click()
    gnUserType = cboUserType.ListIndex
End Sub
Private Sub Form_Load()                     '在默认情况下，选择教师作为登录的用户身份
    cboUserType.ListIndex = 0
End Sub
Private Sub cmdCancel_Click()               '单击"取消"按钮，退出整个登录窗体
    Unload Me
End Sub
```

② 验证输入的用户名和密码：

根据以上机制的设计，在"确定"按钮的 Click 事件中编程：

```
Private Sub cmdOK_Click()
    Dim user As String,pwd As String       '取得用户输入的用户名和密码
    user = txtUser
    pwd = txtPwd
Dim r As New ADODB.Recordset               '根据用户不同的身份，选择不同的表用以查询
Dim strSQL As String
Select Case gnUserType
    Case 0: '选择身份为教师
    strSQL = "select*from teacher where name='"& user&"'and serial='" &
pwd & "'"
    Case 1: '选择身份为课程
    strSQL = "select*from student where name='"& user&"'and serial='" &
pwd & "'"
    End Select
    r.Open strSQL,DataEnv.Con.ConnectionString,adOpenStatic       '打开记录集 r
'用户密码错误的次数，如果错误次数超过 3 次，则退出系统
    Static nTryCount As Integer
    If r.EOF Then                                                 '登录失败
    MsgBox "对不起，无此用户或者密码不正确！请重新输入!! ",vbCritical,"错误"
    txtUser.SetFocus
    txtUser.SelStart = 0
    txtUser.SelLength = Len(txtUser)
    nTryCount = nTryCount + 1
    If nTryCount >= 3 Then
        MsgBox "您无权操作本系统!再见! ",vbCritical,"无权限"
        Unload Me
    End If
  Else          '登录成功，显示 MDI 窗体，并将用户类型和用户名传到 MDI 窗体中
    gnUserType = cboUserType.ListIndex
    gsUserName = txtPwd
    Unload Me   '注意调用顺序
    MDIMain.Show
  End If
End Sub
```

8.6.5 MDI 窗体

在工程中添加一个 MDI 窗体，并命名为 MDIMain.frm，并为 MDI 窗体进行菜单设计和代码设计。

1. 菜单设计

在 MDI 主菜单中，设计了 3 项菜单，分别为"通用"、"成绩管理"和"帮助"，具体属性如表 8–15 所示。

表 8-15　图 8-4 窗体控件属性

分　类	标　题	名　称
主菜单项 1	通用（&G）	MnuGeneral
子菜单项 1	–	MnuTemp
子菜单项 2	重新登录（&L）	MnuLogin
子菜单项 3	–	MnuLine
子菜单项 4	退出（&X）	MnuExit
主菜单项 2	成绩管理（&S）	MnuScore
子菜单项 1	按学生进行（&S）…	MnuStudentScore
子菜单项 2	按课程进行（&C）…	MnuCourseScore
主菜单项 3	帮助（&H）	MnuHelp
子菜单项 1	关于（&A）…	MnuAbout

2. 代码设计

（1）窗体的代码部分

① Load 事件：

```
Private Sub MDIForm_Load()              '根据不同的用户类型，使相应的菜单项可见
    Select Case gnUserType
        Case 0:                         '以教师身份登录，可以按各种方式进行查询和管理
            mnuCourseScore.Visible = True
            mnuStudentScore.Visible = True
        Case 1:                         '以课程身份登录，只能查询自己的信息
            mnuCourseScore.Visible = False
            mnuStudentScore.Visible = True
    End Select
End Sub
```

② QueryUnload 事件：

```
'当用户要退出 MDI 窗体时，询问是否真的要退出本系统
Private Sub MDIForm_QueryUnload(Cancel As Integer, UnloadMode As Integer)
    If MsgBox("真的要退出本系统吗？",vbQuestion + vbYesNo + vbDefaultButton2, _
    "退出") = vbNo Then
        Cancel = 1
    End If
End Sub
```

（2）"通用"菜单的代码

```
Private Sub mnuLogin_Click()        '重新登录
    If MsgBox("若重新登录，所有窗体都将关闭！是否重新登录？",vbQuestion + vbYesNo _
    + vbDefaultButton2,"重新登录") = vbYes Then
```

```
            Unload MDIMain
            frmLogin.Show
        End If
    End Sub
    Private Sub mnuExit_Click()              '退出
        Unload Me
    End Sub
```
（3）"成绩管理"菜单的代码
```
    Private Sub mnuStudentScore_Click()      '按学生进行
        frmStudentScore.Show
    End Sub
    Private Sub mnuCourseScore_Click()       '按课程进行
        frmCourseScore.Show
    End Sub
```
（4）"帮助"菜单的代码
```
    Private Sub mnuAbout_Click()             '单击帮助子菜单，显示关于窗口
        frmSplash.Show vbModal
    End Sub
```

8.6.6　按课程进行成绩管理

本部分设置只对教师类用户开放，教师类用户借助本模块对所有的成绩按照课程顺序进行查看，并进行相应的管理。该子系统包括 4 个部分的内容，课程成绩管理的主窗体（frmCourseScore）、变更课程成绩信息的窗体（frmAddStudent）、自定义查找窗体（frmFind）和课程成绩报表（ftpCourseScore）。

1．课程成绩管理的主窗体（frmCourseScore）

教师类用户登录之后，如果选择"成绩管理"|"按课程进行"命令，进入课程成绩管理主窗体。

（1）界面设计

在该窗体上使用了一个 Tabbed Dialog 控件和 DataGrid 控件。选择"工程"|"部件"|Microsoft Dialog Control 6.0 命令和 Microsoft DataGrid Control 6.0 命令，将 Tabbed Dialog 控件和 DataGrid 控件添加到工具箱中。

添加一个窗体，命名为 frmCourseSore。在主窗口中加入两个 Frame 控件和一个 Tabbed Dialog 控件，作为以后所添加的父控件。该窗体上的控件及属性设置如表 8-16 所示。

表 8-16　图 8-5 窗体控件属性

对　象	属　性	属　性　值
窗体	Name	frmCourseScore
	Caption	按课程进行成绩管理
	BorderStyle	1-Fixed Single
	MaxButton	False
	MDIChild	True
框架	Name	fraSeek
	Caption	查询框

续表

对　　象	属　　性	属　性　值
框架	Name	FraBrowser
	Caption	浏览框
选项卡控件	Name	Sstmain
	Style	1-ssStylePropertyPage
	Tab	0
	Tabs	2
	Caption	第一个选项卡为："课程信息" 第二个选项卡为："成绩信息"
以下控件属于 fraSeek 内的控件		
标签	Name	lblType
	Caption	课程类型
组合框	Name	cboType
	Style	2-Dropdown List
命令按钮	Name	cmdList
	Caption	列出>>
命令按钮	Name	cmdSeek
	Caption	查询…
以下控件属于 fraBrowser 内的控件		
命令按钮	Name	CmdFirst
	Caption	<<
命令按钮	Name	CmdPrevious
	Caption	<
命令按钮	Name	CmdNext
	Caption	>
命令按钮	Name	CmdLast
	Caption	>>
以下控件属于 sstMain 控件第一个选项卡		
数据网格 DataGrid 控件	Name	grdScan
	AllowAddNew	False
	AllowArrows	True
	AllDelete	False
	AllUpdate	False
	Caption	双击查看对应的成绩信息
	ColumnHeaders	True
	DataMember	sqlCourse
	DataSourse	DataEnv

续表

对　象	属　性	属　性　值
以下控件属于 sstMain 控件第二个选项卡		
数据网格 DataGrid 控件	Name	grdScore
	AllowAddNew	False
	AllowArrows	True
	AllDelete	False
	AllUpdate	False
	Caption	
	ColumnHeaders	True
	DataMember	sqlStudentScore
	DataSourse	DataEnv
标签	Name	lblSum
	Caption	选课人数：
标签	Name	lblAverage
	Caption	平均分
文本框	Name	Txtsum
	DataFormat	数字，无小数点
	Locked	True
文本框	Name	TxtAverage
	DataFormat	数字，有两位数点
	Locked	True
框架	Name	fraManage
	Caption	成绩管理
以下控件属于 fraManage 内的控件		
命令按钮	Name	cmdAdd
	Caption	添加（&A）
命令按钮	Name	cmdDelete
	Caption	删除（&D）
命令按钮	Name	cmdEdit
	Caption	编辑（&E）
命令按钮	Name	cmdReporte
	Caption	报表（&R）
命令按钮	Name	cmdClose
	Caption	关闭（&C）

（2）添加数据连接

① sqlCourse 数据连接和 grdScan 的设置。

在 grdScan 控件中需要使用数据连接 sqlCourse。在数据环境设计器 DataEnv 中向 Con 数据连接对象添加一个命令，将其命名为 sqlCourse。在这个命令中代表数据库中符合条件的课程表记录。设置 sqlCourse 属性, 其 "通用" 选项卡如图 8-28 所示。

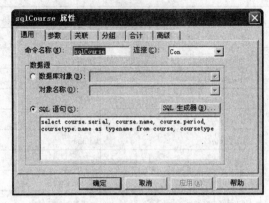

图 8-28　SqlCourse 的属性设置

经过设置之后, sqlCourse 数据命令的属性设置如表 8-17 所示。

表 8-17　DataEnv 中 Con 的 SqlCourse 命令的属性

对　　象	属　　性	设　　置
DEcommand	CommandName	sqlCourse
	CommandText	select course.serial, course.name, course.period, coursetype.name as typename from course, coursetype
	CommandType	1-adcmdText
	ConnectionName	Con
	CursorLocation	3-adUserClient
	CursorType	3-adOpenStatic

在界面设计窗口中, 选择 grdScan 控件, 右击在弹出的快捷菜单中选择 "检索字段" 命令就可以检索出网格控件 grdScan 的结构, 出现四列名称分别为 Serial、Name、Period 和 TypeName, 分别绑定到 sqlCourse 的 Serial、Name、Period 和 TypeName 字段。将各列的名称分别改为课程号、课程名、学时和课程类型。改变这些列的大小, 使其大小适合整个窗体的布局。

② SqlStudentScore 数据连接和 grdScore 的设置。

在 grdScore 控件中需要使用数据连接 SqlStudentScore。在数据环境设计器 DataEnv 中向 con 数据连接对象添加一个命令, 将其命名为 SqlStudentScore, 在这个命令中代表了数据库中符合条件的课程表的记录。SqlStudentScore 属性设置如表 8-18 所示。

表 8-18　DataEnv 中的 Con 的 SqlStudentScore 命令的属性

对　　象	属　　性	设　　置
DEcommand	CommandName	SqlStudentScore
	CommandText	select student.serial,student.name, student.class, score.score from student,score where score.studentid=student.serial
	CommandType	1-adcmdText
	ConnectionName	Con
	CursorLocation	3-adUserClient
	CursorType	3-adOpenStatic

在界面设计窗口中，选择 grdScore 控件，右击在弹出的快捷菜单中选择"检索字段"命令，就可以检索出网格控件 grdScore 的结构，出现四列名称分别为 Serial、Name、Class 和 Score，分别绑定到了 SqlStudentScore 的 Serial、Name、Class 和 Score 字段。将各列的名称分别改为学号、姓名、班级和成绩。改变了这些列的大小，使其大小适合整个窗体的布局。

③ Course_type 数据连接和 Course 数据连接。

为了能够在查询框中的 cboType 中填充课程类型，以便用户选择对应的课程信息，需要添加一个数据连接 Course_type，用来代表数据库中的课程类型表。同时为了能够在课程类型中查询所需的课程，需要添加一个数据连接 Course，用来代表数据库中的课程表。具体设置如表 8-19 所示。

表 8-19　DataEnv 中 con 新增加数据命令的属性

对　象	属　性	设　　置
DEcommand	CommandName	Course_type
	CommandText	Courseype
	CommandType	2-adcmdTable
	ConnectionName	Con
	CursorLocation	3-adUserClient
	CursorType	3-adOpenStatic
DEcommand	CommandName	Course
	CommandText	Course
	CommandType	2-adcmdTable
	ConnectionName	Con
	CursorLocation	3-adUserClient
	CursorType	3-adOpenStatic

（3）代码设计

① 按课程类型浏览课程。

在 Form 的 Load 事件中，要初始化 cboType，具体操作为：从 coursetype 表中读取数据，并填充到 cboTpye 复合框中，并将各个课程类型的 id 号作为列表中相对应的 ItemData 附加到复合框中。

在此处，cboType 的 List 中列出了各课程类型的名字，而 ItemData 则对应于各个课程类型的 id 号。这样用户选择某一个课程类型时，就取得相应的课程类型的 id 号。

根据以上机制，Load 事件的代码如下：

```
Private Sub Form_Load()
    With DataEnv.rsCourse_type   '从 CourseType 表中读取数据,填充到 cboType 复合框中
        cboType.Clear
        cboType.AddItem "全部"
        cboType.ItemData(cboType.ListCount - 1) = 0
        If .State <> adStateOpen Then .Open
        .MoveFirst
        While Not .EOF
            cboType.AddItem DataEnv.rsCourse_type("Name")
```

```
                cboType.ItemData(cboType.ListCount - 1) = DataEnv.rsCourse_type ("id")
                .MoveNext
        Wend
    End With
    cboType.ListIndex = 0
    cmdList.Value = True            '点击"列出>>"
    fraManage.Enabled = True
    fraBrowse.Enabled = True
    fraSeek.Enabled = True
    grdScan.Enabled = True
    Call grdScan_Change          '调用 grdScan_Change 过程
End Sub
```

用户可以单击"列出"按钮来列出属于该课程类型的课程信息，根据用户在 cboType 中所选内容的不同，将会采取不同的 SQL 语句。

- 如果用户在"课程类型"组合框中没有选择相应的课程类型，而是选择"全部"选项，此时单击"列出"按钮，将会列出所有课程的信息。
- 当用户所在课程类型组合框中选择了相应的课程类型时，可以单击"列出"按钮，将会显示出属于所选的课程类型的课程信息。
- 根据上述两者情况，对 DataEnv 中的 rssqlCourse 进行重新查询。
- 由于根据改变了 DataEnv.rssqlCourse 数据集的内容，所以需要调用 RefreshGrid 子过程来刷新显示课程信息的 grdScan 的内容。

```
Private Sub cmdList_Click()
    Dim strSQL                    '针对所选的课程类型，列出所有所属的课程信息
    If cboType.ListIndex = 0 Then
        strSQL="select         course.serial,course.name,course.period, _
        coursetype.name as typename " & " from course,coursetype where _
        course.typeid=coursetype.id order by serial"
    Else
        strSQL="select course.serial,course.name,course.period,_
        coursetype.name as typename" & "from course,coursetype where _
        course.typeid=coursetype.id and course.typeid=" & _
        cboType.ItemData(cboType.ListIndex) & " order by serial"
    End If
    With DataEnv.rssqlCourse
      If .State = adStateOpen Then .Close
      .Open strSQL,DataEnv.Con,adOpenStatic,adLockOptimistic
    End With
    Call RefreshGrid                '刷新网格控件
    Call ChangeBrowseState
    Call grdScan_Change             '调用 grdScan_Change 过程
End Sub
```

刷新导航的网格控件 grdScan 的子过程 RefreshGrid 的实现机制如下：

- 将 grdScan 的 DataMember 赋值为空，并调用 Refresh 方法，这样就可以将 grdScan 的内容清空，并且同时保留 grdScan 的布局。
- 令 grdScan 的 DataMember 为 sqlCourse，并调用 Refresh 方法，这样就能以新的 rssqlCourse 中内容填充 grdScan 的内容。即完成了 grdScan 控件的刷新工作。

- 由于改变了 grdScan 的内容，所以需要调用 grdScan 的 Change 事件，动态刷新信息查看框中的各个控件的内容。

子过程 RefreshGrid 的代码如下：

```
Sub RefreshGrid()                        '当改变记录集时，需要刷新整个网格控件
    grdScan.DataMember = ""
    grdScan.Refresh
    If DataEnv.rssqlCourse.State<>adStateClosed Then DataEnv.rssqlCourse.Close
    End If
    DataEnv.rssqlCourse.Open
    grdScan.DataMember = "sqlCourse"
        grdScan.Refresh
        Call grdScan_Change                  '刷新各个绑定控件
End Sub
```

② 采取自定义方式查看课程的代码实现。

用户可以单击"查询"按钮进行查询，可以对 Course 表中的所有字段进行各种运算符的查询。实现步骤如下：

- 载入自定义查询窗体 frmFind，但是不需要显示该窗体，需要对窗体进行初始化设置。
- 从 DataEnv.rsCourse（代表了数据库中的 Course 表）中取得 Course 表的结构，并将各个字段的名称填充到 frmFind 的 lstFields 中。
- 在 frmFind 窗体中，将查询所需的字段写入到 frmFind 窗体的 msfindfield 中；将查询所需的运算符号写入到 frmFind 窗体的 msfindOpt 中；将查询所需字段的值写入到 frmFind 的 msFindExpr 中。
- 通过 frmFind 窗体的 msFindField、msFindOpt 和 msFindExpr，即可根据这三者组成一个合法的表达式，通过此表达式在 DataEnv.rssqlCourse 中搜索符合条件的记录，如果没有找到符合条件的记录，则给出提示。
- 在 DataEnv.rssqlCourse 中查找记录之后，需要刷新用做导航栏的网格控件的内容，刷新网格控件这一操作通过自定义的子过程 RefreshGrid 来实现。

```
Private Sub cmdSeek_Click()
    With frmFind
        Dim i As Integer
        Load frmFind              '显示查找窗口
        .lstFields.Clear          '填充查找窗体的字段列表框
        For i = 0 To DataEnv.rsCourse.Fields.Count - 1
            .lstFields.AddItem (DataEnv.rsCourse(i).Name)
        Next i
        .lstFields.ListIndex = 0
        .Show 1
        If .mbFindFailed Then Exit Sub
        Dim sTemp As String
        If LCase(.msFindOp) = "like" Then
            sTemp = .msFindField & " " & .msFindOp & " '%" & .msFindExpr & "%'"
        Else
            sTemp = .msFindField & " " & .msFindOp & " '" & .msFindExpr & "'"
        End If
            sTemp = "select * from course where " & sTemp & " order by serial"
        Unload frmFind
```

```
          End With
          DataEnv.rssqlCourse.Close                    '查找数据，并刷新用以导航的网格控件
          DataEnv.rssqlCourse.Open sTemp
          Call RefreshGrid
          Exit Sub
     errHandler:
          MsgBox "没有符合条件的纪录! ", vbExclamation, "确认"
     End Sub
```

③ 浏览框中的代码实现。

在浏览窗口中，调用 Dataenv.rssqlCourse 的 MoveFirst、MovePrevious、MoveNext、MoveLast，将记录移动到第一条、上一条、下一条和最后一条记录，再调用自定义过程 ChangeBrowseState() 来改变各个按钮的状态。

```
     Private Sub cmdNext_Click()                       '移动到下一条记录
          DataEnv.rssqlCourse.MoveNext
          Call ChangeBrowseState
     End Sub
     Private Sub cmdPrevious_Click()                   '移动到上一条记录
          DataEnv.rssqlCourse.MovePrevious
          Call ChangeBrowseState
     End Sub
     Private Sub cmdFirst_Click()                      '移动到第一条记录
          DataEnv.rssqlCourse.MoveFirst
          Call ChangeBrowseState
     End Sub
     Private Sub cmdLast_Click()                       '移动到最后一条记录
          DataEnv.rssqlCourse.MoveLast
          Call ChangeBrowseState
     End Sub
```

当移动到记录后，再根据记录的数目和当前记录所处的位置，即判断记录集的 BOF 和 EOF 来改变各个按钮的状态，子过程 ChangeBrowseState()的代码如下：

```
     '用以在浏览时，根据当前记录所处的位置不同，来改变浏览按钮的状态
     Sub ChangeBrowseState()
       With DataEnv.rssqlCourse
        '如果没有任何记录，则清空显示目录；并且使浏览部分和管理部分的按钮无效
         If .State = adStateClosed Then .Open
            If .BOF Then                               '假如处于记录的头部
            If Not .EOF Then DataEnv.rssqlCourse.MoveFirst
            cmdPrevious.Enabled = False
            cmdFirst.Enabled = False
         Else
            cmdPrevious.Enabled = True
            cmdFirst.Enabled = True
         End If
            If .EOF Then                               '假如处于记录的尾部
            If Not .BOF Then DataEnv.rssqlCourse.MoveLast
            cmdNext.Enabled = False
            cmdLast.Enabled = False
         Else
            cmdNext.Enabled = True
```

```
            cmdLast.Enabled = True
        End If
    End With
End Sub
```

④ grdScan 控件中的代码实现。

当 grdScan 的内容发生变化，用户通过单击改变 grdScan 当前行时，或者通过浏览框中的记录来移动 grdScan 的当前行，则必须相应刷新用于显示成绩的 grdScore 控件。则要在 grdScan 的 Change 和 RowColChange 事件中调用自定义的子过程 RefreshScore()来实现。

如果 grdScan 所连接记录集的内容已经发生变动，且该新的 grdScan 记录集内容不为空，则要调用 RefreshScore()子过程。其中，grdScan. Columns(0).(grdScan.Bookmark)表示了当前行的第一列单元格的值。

```
Private Sub grdScan_Change()
    If grdScan.ApproxCount > 0 Then
        Call RefreshScore(grdScan.Columns(0).CellText(grdScan.Bookmark))
    End If
End Sub
```

如果 grdScan 的当前行发生了变化，即 LastRow <> grdScan.Bookmark。

```
Private Sub grdScan_RowColChange(LastRow As Variant,ByVal LastCol%)
    If LastRow <> grdScan.Bookmark Then  '当前行改变，则动态改变所要显示的记录
        If grdScan.ApproxCount > 0 Then
            Call RefreshScore(grdScan.Columns(0).CellText(grdScan.Bookmark))
        End If
    End If
End Sub
```

RefreshScore 子过程的入口参数为 sSerial，表示所需定位的课程信息的编号。该子过程的作用在于：在 DataEnv.rssqlStudentScore 中定位的编号为 sSerial 的记录，将该记录显示在 grdScore 内，并调用 Cacluate 方法来计算选课人数和课程成绩的平均分。RefreshScore 子过程的定义如下：

```
'刷新课程编号为 sSerial 的成绩的网格控件 grdScore
Sub RefreshScore(sSerial As String)
 With DataEnv.rssqlStudentScore
    If .State <> adStateClosed Then .Close
    Dim str
    If sSerial = "" Then
        str = "select student.serial,student.name,student.class,score.score _
                " & " from student,score where score.studentid=student.serial"
    Else
        str = "select student.serial,student.name,student.class,score.score _
        " & " from student,score where score.studentid=student.serial " & _
            " and Score.courseid = '" & sSerial & "'"
     End If
     .Open str
 '根据 DataEnv.rssqlStudentScore 的记录状态，来改变管理 grdScore 的各个按钮的状态
    If .BOF And .EOF Then
        cmdAdd.Enabled = True
        cmdEdit.Enabled = False
        cmdDelete.Enabled = False
```

```
              cmdReport.Enabled = False
          Else
              cmdAdd.Enabled = True
              cmdEdit.Enabled = True
              cmdDelete.Enabled = True
              cmdReport.Enabled = True
          End If
      End With
  grdScore.DataMember = "sqlStudentScore"
  grdScore.Caption= "课程编号: "& _
      grdScan.Columns(0).CellText(grdScan.Bookmark) & " 课程名: " _
      & grdScan.Columns(1).CellText(grdScan.Bookmark)
      grdScore.Refresh
      '计算该课程的总成绩和平均成绩
      Call Calculate(grdScan.Columns(0).CellText(grdScan.Bookmark))
End Sub
```

在 Calculate 过程中，通过 SQL 语句取得课程的选课人数和课程成绩的平均分，并写入到文本框中。Calculate 过程的代码如下：

```
'通过当前课程的成绩，来得到该课程的总成绩和平均成绩
Sub Calculate(sSerial As String)
   Dim rs As New ADODB.Recordset
   Dim str
   str = "select avg(score) as avg_score,count(*) as count_score from _
         score where courseid='" & sSerial & "'"
   rs.Open str, DataEnv.Con,adOpenStatic
      If Not rs.EOF Then
      txtSum.Text=FormatNumber(rs("count_score"),0)
      txtAverage.Text = FormatNumber(rs("avg_score"),2)
   End If
End Sub
```

当用户双击 grdScan 窗体时，将会把视图切换到"成绩信息"选项卡，代码如下：

```
Private Sub grdScan_DblClick()
   sstMain.Tab=1
End Sub
```

⑤ 成绩管理框的代码实现。

用户可以通过成绩管理框中的各个按钮，对成绩信息进行添加、删除和编辑等操作，并可生成报表。

增加课程成绩按钮（cmdAdd）的 Click 事件的操作如下：

- 以模式方式显示 frmAddStudent，返回所要加入的课程成绩中的学生的学号。
- 使用 con 的 Execute 方法，来对数据库执行一句 Insert 语句，将记录加入到数据库中。
- 由于改变了数据库中成绩表的内容，需要调用 RefreshScore 来刷新用于显示成绩记录的 grdscore 控件。

```
Private Sub cmdAdd_Click()
   On Error GoTo errHandler
   With frmAddStudent
      Load frmAddStudent
      .Caption = "添加成绩信息"
      .Show vbModal
```

```vb
      '如果用户没有单击确认按钮，则退出处理过程
      If Not .mbAdded Then
         Unload frmAddStudent
         Exit Sub
      End If
   '添加成绩记录
   Dim str
   str = "insert into score(StudentID, CourseID, Score) values('"
   str = str & .dcbSerial.Text & "','" & _
   grdScan.Columns(0).CellText(grdScan.Bookmark)&"','" &.txtScore.Text
   str = str & "')"
   DataEnv.Con.Execute str
   Unload frmAddStudent
   End With
   Unload frmAddStudent
   '刷新整个网格控件
   Call RefreshScore(grdScan.Columns(0).CellText(grdScan.Bookmark))
   Exit Sub
errHandler:
   MsgBox Err.Description, vbCritical,"错误"
End Sub
```

编辑课程成绩按钮（cmdEdit）的 Click 事件与 cmdAdd 的 Click 事件实现操作类似，语句如下：

```vb
Private Sub cmdEdit_Click()        '修改当前所选的成绩信息
   On Error GoTo errHandler
   With frmAddStudent
      Load frmAddStudent
      .Caption = "修改成绩信息"
      '将当前所定位的学号和姓名信息写入到 frmAddStudent 的 dcbSerial 和 dcbName 中
      .dcbSerial.Text = grdScore.Columns(0).CellText(grdScore.Bookmark)
      .dcbName.Text = .dcbSerial.BoundText
      '将当前所定位的课程的成绩写入到 frmScore.txtScore 中
      .txtScore.Text=grdScore.Columns(grdScore.Columns.Count-1). _
       CellText(grdScore.Bookmark)
      .cmdOK.Enabled = True
      .Show vbModal
      '如果用户没有单击确认按钮，则退出处理过程
      If Not .mbAdded Then
         Unload frmAddStudent
         Exit Sub
      End If
   '添加成绩记录
   Dim str
   str = "update score set score=" & .txtScore.Text
   str=str & "where courseid='" & grdScan.Columns(0). _
       CellText(grdScan.Bookmark) & "'"
   str = str & " and StudentID='" & .dcbSerial.Text & "'"
   DataEnv.Con.Execute str
   Unload frmAddStudent
   End With
   Unload frmAddStudent
'刷新整个网格控件
```

```
    Call RefreshScore(grdScan.Columns(0).CellText(grdScan.Bookmark))
    Exit Sub
errHandler:
    MsgBox Err.Description,vbCritical,"错误"
End Sub
```

删除成绩记录的操作如下：

- 如果在删除过程中出现错误，则显示 Err.Description 中的出错代码。
- 在删除记录前询问，确认用户是否真要删除当前记录。
- 在删除记录的过程中，使用学生编号和课程编号作为关键字，调用 DataEnv.con 中的 Execute 方法来删除当前记录。
- 删除后，要调用 RefreshScore 子过程，刷新网格控件 grdScorea 的内容。

```
Private Sub cmdDelete_Click()
    On Error GoTo errHandler
    If MsgBox("确实要删除此成绩记录？",vbYesNo+vbQuestion+vbDefaultButton2, _
    "确认") = vbYes Then Dim sSerial,stuSerial
        stuSerial = grdScore.Columns(0).CellText(grdScore.Bookmark)
        sSerial = grdScan.Columns(0).CellText(grdScan.Bookmark)
        Dim str
        str = "delete from score where studentid='"& stuSerial & "'and _
        courseid='" & sSerial & "'"
        DataEnv.Con.Execute str                    '使用 con 来删除所选的记录
        DataEnv.rssqlStudentScore.Requery
        grdScore.DataMember = "sqlStudentScore"        '刷新 grdScore 控件
        grdScore.Refresh
        Call Calculate(grdScan.Columns(0).CellText(grdScan.Bookmark))
    End If
    Exit Sub
errHandler:
    MsgBox Err.Description, vbCritical,"错误"
End Sub
```

通过单击"报表"按钮可以生成有关当前学生成绩列表的报表，cmdReport 的 Click 事件如下：

```
Private Sub cmdReport_Click()
 On Error Resume Next
 Dim rpt As New rptCourseScore
 Load rpt
 rpt.Caption ="课程" & grdScan.Columns(1).CellText(grdScan.Bookmark) & _
 "的成绩列表"
 rpt.Show 1     '显示成绩报表
End Sub
```

通过单击"关闭"按钮来退出当前的 frmCourseScore。

```
Private Sub cmdClose_Click()
    Unload Me
End Sub
```

2. 变更课程成绩信息的窗体（frmAddStudent）

当用户单击"添加成绩"或者"编辑成绩"按钮时，就会进入 frmAddStudent 窗体，在该窗体中用户可以变更成绩记录的学生编号和成绩。

在该窗体中，用户可以通过在"所在系"组合框的选择来改变"所在班"中所显示的班级；

选择所要查看的班级，则在"学号"和"姓名"的 DataCombo 控件中将会显示出属于该班级的学生的学号和姓名。

（1）界面设计

在工程中添加一个窗体，并命名为 frmAddStudent.frm。在该窗体中，需要使用 DataCombo 控件。选择"工程"|"部件"|Microsoft DataCombo Control 6.0 命令，DataCombo 控件添加到工具箱中。该窗体上的控件及属性设置如表 8-20 所示。

表 8-20　frmAddStudent 窗体控件属性

对　象	属　性	属　性　值
窗体	Name	frmAddStudent
	Caption	为空
	BorderStyle	3-Fixed Dialog
	MaxButton	False
框架	Name	fraMain
	Caption	为空
标签	Name	lblDep
	Caption	所在系:
组合框	Name	CboDep
	Style	2-Dropdown List
标签	Name	lblClass
	Caption	所在班:
组合框	Name	CboClass
	Style	2-Dropdown List
标签	Name	lblSerial
	Caption	学号:
DataCombo1	Name	DcbSerial
	BoundColumn	Name
	ListField	Serial
	RowMember	AddStudent
	RowSource	DataEnv
标签	Name	lblName
	Caption	姓名:
DataCombo2	Name	DcbName
	BoundColumn	Serial
	ListField	Name
	RowMember	AddStudent
	RowSource	DataEnv
标签	Name	LblScore
	Caption	成绩:

续表

对　象	属　性	属　性　值
文本框	Name	txtScore
	Text	60
命令按钮	Name	cmdOk
	Caption	确定（&O）
命令按钮	Name	cmdCancel
	Caption	取消（&C）

（2）数据连接

在窗体的代码中，要取得数据库中的 Department 表和 Class 表中的记录，对查询框中的"所在系"组合框（cboDep）和"所在班"组合框（cboClass）进行填充。所以要在 DataEnv 数据环境的数据连接 Con 中添加两个命令，命名为 Department 和 Class，其属性设置如表 8-21 所示。

表 8-21　数据命令 Department 和 Class 的属性

对　象	属　性	设　　置
DEcommand	CommandName	Department
	CommandText	Department
	CommandType	2-adcmdTable
	ConnectionName	Con
	CursorLocation	3-adUserClient
	CursorType	3-adOpenStatic
DEcommand	CommandName	Class
	CommandText	Class
	CommandType	2-adcmdTable
	ConnectionName	Con
	CursorLocation	3-adUserClient
	CursorType	3-adOpenStatic

（3）代码设计

① 按钮控件的 Click 事件，在"通用"部分声明一个模块级变量 mbAdded，用来表示用户是否单击"确定"按钮。

```
Public mbAdded As Boolean '表示用户是否点击"确定"，来添加一个课程信息
```

"确定"按钮和"取消"按钮的 Click 事件如下：

```
Private Sub cmdOK_Click()
   mbAdded = True
   Me.Hide
End Sub
Private Sub cmdCancel_Click()
   mbAdded = False
   Me.Hide
End Sub
```

② 在 Load 事件中，要执行 cboDep 和 cboClass 的初始化，具体的操作为：

- 从 Department 表中读出数据，并填充到 cboDep 复合框中，并将各个系的 id 号作为列表中相对应的 ItemData 附加到复合框中。
- 从 Class 表中读出数据，并将 Class 表中的 Name 字段填充到 cboClass 复合框中。

根据以上机制，Load 事件的代码如下：

```
Private Sub Form_Load()
    Dim rsDep As New ADODB.Recordset,rsClass As New ADODB.Recordset
    Set rsDep = DataEnv.rsDepartment
    Set rsClass = DataEnv.rsClass
    '从 Department 表中读取数据，填充到 cboDep 复合框中
    If rsDep.State = adStateOpen Then rsDep.Close
    rsDep.Open
    cboDep.Clear
    cboDep.AddItem "全部"
    '将各个系的 id 号作为 ItemData 附加到复合框中
    cboDep.ItemData(0) = 0
    While Not rsDep.EOF
        cboDep.AddItem rsDep("Name")
        cboDep.ItemData(cboDep.ListCount - 1) = rsDep("id")
        rsDep.MoveNext
    Wend
    cboDep.ListIndex = 0
    '从 class 中读取数据，填充到 cboClass 复合框中
    If rsClass.State = adStateClosed Then rsClass.Open
    cboClass.Clear
    cboClass.AddItem "全部"
    While Not rsClass.EOF
        cboClass.AddItem rsClass("Name")
        rsClass.MoveNext
    Wend
    cboClass.ListIndex = 0
End Sub
```

③ cboDep 和 cboClass 的 Click 事件。

cboDep 的 Click 事件的代码如下：

```
Private Sub cboDep_Click()
    Dim rsClass As New ADODB.Recordset
    Dim strSQL
    If cboDep.ItemData(cboDep.ListIndex) = 0 Then    '在所在系中选择了全部
        strSQL = "select * from class"
    Else                                             '选择了某一个具体的系
        strSQL="select*from  class where  dept_id="& _
        cboDep.ItemData(cboDep.ListIndex)
    End If
    rsClass.Open strSQL,DataEnv.Con
    cboClass.Clear
    cboClass.AddItem "全部"
    While Not rsClass.EOF
        cboClass.AddItem rsClass("Name")
        rsClass.MoveNext
```

```
        Wend
        cboClass.ListIndex = 0
        rsClass.Close
        Set rsClass = Nothing
    End Sub
```

cboClass 的 Click 事件的代码如下：

```
Private Sub cboClass_Click()
    Dim strSQL                          '针对所选的班级，列出班级中所有的学籍信息
    If cboClass.Text = "全部" Then
        strSQL = " from student order by serial"
    Else
        strSQL = " from student where class='" & cboClass & "' order by serial"
    End If
    DataEnv.rsAddStudent.Close
    DataEnv.rsAddStudent.Open "select * " & strSQL
    dcbSerial.RowMember = ""             '刷新 dcbSerial 所列的学号
    dcbSerial.ReFill
    dcbSerial.Refresh
    dcbSerial.RowMember = "AddStudent"
    dcbSerial.ReFill
    dcbSerial.Refresh
    dcbSerial.Text = ""
    dcbName.RowMember = ""               '刷新 dcbName 所列的学生姓名
    dcbName.Refresh
    dcbSerial.ReFill
    dcbName.RowMember = "AddStudent"
    dcbName.Refresh
    dcbName.ReFill
    dcbName.Text = ""
End Sub
```

④ dcbSerial 和 dcbName 控件的 Click 事件。

dcbSerial 和 dcbName 控件是互相关联的。其 Click 事件的代码如下：

```
Private Sub dcbName_Click(Area As Integer)
    dcbSerial.Text = dcbName.BoundText      '动态改变 dcbSerial 中的学号
    cmdOK.Enabled = (dcbSerial.Text <> "")
End Sub
Private Sub dcbSerial_Click(Area As Integer)
    dcbName.Text = dcbSerial.BoundText      '动态改变 dcbName 中的学生姓名
    cmdOK.Enabled = (dcbSerial.Text <> "")
End Sub
```

⑤ txtScore 控件的事件。

```
Private Sub txtScore_Change()
    cmdOK.Enabled=Len(dcbSerial.Text)>0And Len(txtScore.Text)>0
End Sub
Private Sub txtScore_KeyPress(KeyAscii As Integer)
    '如果输入的字符不是数字或者顿号，则取消输入的字符
    If(KeyAscii>Asc("9") Or KeyAscii < Asc("0")) And KeyAscii<>Asc(".")_
    And KeyAscii <> vbKeyBack Then KeyAscii = 0
End Sub
```

3．自定义查找窗体（frmFind）

在 frmCourseScore 窗体中，如果用户单击"查询"按钮，将会出现"自定义查询"窗口。在该窗口中用户可以选择自定义查询所需的字段、运算符和值。

在工程中添加一个类型为"登录"的对话框，并命名为 frmFind。

（1）界面设计

添加的控件属性设置如表 8-22 所示。

表 8-22　frmFind 对话框控件属性

对　象	属　性	属　性　值
窗体	Name	frmFind
	Caption	查找
	BorderStyle	3-Fixed Dialog
	MaxButton	False
标签	Name	lbllabels
	Index	0
	Caption	字段：
列表框	Name	LstFields
标签	Name	lbllabels
	Index	1
	Caption	运算符：
列表框	Name	LstOperators
标签	Name	lbllabels
	Index	2
	Caption	值或表达式：
列表框	Name	LsExpression
命令按钮	Name	Cmdok
	Caption	确定
	Default	True
	Enabled	False
命令按钮	Name	CmdCancel
	Caption	取消
	Cancel	True

（2）代码设计

① 设置公用变量。

在该窗体"代码"窗口的通用处添加如下代码：

```
Public msFindField As String          '查找字段
Public msFindOp As String             '查找运算符
Public msFindExpr As String           '查找表达式
```

```
    Public mbFindFailed As Boolean                    '查找是否失败
```
② "取消"按钮的 Click 事件。
```
Private Sub cmdCancel_Click()
    mbFindFailed = True
    Me.Hide
End Sub
```
③ "确定"按钮的 Click 事件。
```
Private Sub cmdOK_Click()
    mbFindFailed = False
    Screen.MousePointer = vbHourglass             '改变指针，告知读者当前处于忙状态
    msFindField = lstFields.Text
    msFindExpr = txtExpression.Text
    msFindOp = lstOperators.Text
    Me.Hide
    Screen.MousePointer = vbDefault               '改变指针，告知读者系统处于不忙状态
End Sub
```
④ Form 的 Load 事件。
```
Private Sub Form_Load()                            '查询所需使用的运算符号
    lstOperators.AddItem "="
    lstOperators.AddItem "<>"
    lstOperators.AddItem ">="
    lstOperators.AddItem "<="
    lstOperators.AddItem ">"
    lstOperators.AddItem "<"
    lstOperators.AddItem "Like"
    lstOperators.ListIndex = 0
    mbFindFailed = False
End Sub
```
⑤ 动态改变 "确定" 按钮的可用性
```
'当 lstFields、lstOperators、txtExpression 的值不为空，单击 "确定" 按钮才有效
Private Sub txtExpression_Change()
    cmdOK.Enabled=Len(lstFields.Text) >0 And Len(lstOperators.Text)>0 And _
    Len(txtExpression.Text) > 0
End Sub
Private Sub lstFields_Click()
    cmdOK.Enabled=Len(lstFields.Text)>0 And Len(lstOperators.Text)>0 And _
    Len(txtExpression.Text) > 0
End Sub
Private Sub lstOperators_Click()
    cmdOK.Enabled=Len(lstFields.Text)>0 And Len(lstOperators.Text)>0And _
    Len(txtExpression.Text) > 0
End Sub
```

4. 课程成绩报表 （rtpCourseScore）

当教师查看课程成绩时，可以对该课程的成绩信息生成报表，以便浏览或打印。

① 添加数据连接 sqlStudentScore。

在数据环境中添加数据连接，命名为 sqlStudentScore，其属性如表 8-23 所示。

表 8-23　sqlStudentScore 数据连接的属性

对　象	属　性	设　置
DEcommand	CommandName	sqlStudentScore
	CommandText	Select student.serial,student.name, student.class, score.score from student,score where score.studentid=student.serial
	CommandType	1–adcmdText
	ConnectionName	Con
	CursorLocation	3–adUserClient
	CursorType	3–adOpenStatic
	LockType	1–adLockReadOnly

② 报表界面的设计如图 8–29 所示。

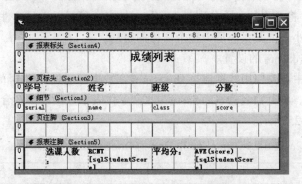

图 8–29　rptCourseScore 报表的设置

③ 课程成绩列表的报表的设置根据图 8–29 所示的情况设置。

8.6.7　按学生进行成绩管理

"按学生进行成绩管理"模块对学生用户和教师用户均开放。若用户为学生用户，只能查看自己的信息；若为教师用户，则其可以查看所有学生的所有成绩列表，并进行相应的管理。

1. 学生成绩管理的主窗体（frmStudentScore）

如果用户单击"按学生进行"按钮，就会进入 frmStudentScore 窗体。该窗体的布局和 frmCourseScor 窗体非常相似。这里不作详细介绍。

（1）界面设计

在工程中添加一个窗体，命名为 frmStudentScore。该窗体上添加控件及属性设置与 frmCourseScor 窗体非常相似。这里不做详细介绍。

（2）添加数据连接

① sqlStudent 数据连接和 grdScan 的设置。

在 grdScan 控件中需要使用数据连接 sqlStudent。在数据环境设计器 DataEnv 中向 Con 数据连接对象添加一个命令，将其命名为 sqlStudent，此命令代表数据库中的符合条件的学生记录。 sqlStudent 属性如表 8–24 所示。

表 8-24　DataEnv 中 con 的 SqlStudent 命令的属性

对　　象	属　　性	设　　　置
DEcommand	CommandName	sqlStudent
	CommandText	select * from student order by serial
	CommandType	1-adcmdText
	ConnectionName	Con
	CursorLocation	3-adUserClient
	CursorType	3-adOpenStatic

在界面设计窗口中，选择 grdScan 控件，右击在弹出的快捷菜单中选择"检索字段"命令就可以检索出网格控件 grdScan 的结构，出现 8 列名称分别为 Serial、Name、Class、Birthday、Sex、Address、Tel 和 Resume，分别绑定到了 sqlStudent 的 Serial、Name、Class、Birthday、Sex、Address、Tel 和 Resume 字段。将各列的名称分别改为学号、姓名、班级、生日、性别、地址、电话和简历。改变这些列的大小，使其大小适合整个窗体的布局。

② 数据连接和 grdScore 的设置。

在 grdScore 控件中需要使用数据连接 OneScore。在数据环境设计器 DataEnv 中向 Con 数据连接对象添加一个命令，将其命名为 OneScore，此命令代表了数据库中符合条件的课程表记录。OneScore 属性如表 8-25 所示。

表 8-25　DataEnv 中 Con 的 OneScore 命令的属性

对　　象	属　　性	设　　　置
DEcommand	CommandName	OneScore
	CommandText	select course.*, score.score from score, course
	CommandType	1-adcmdText
	ConnectionName	Con
	CursorLocation	3-adUserClient
	CursorType	3-adOpenStatic

在界面设计窗口中，选择 grdScore 控件，右击在弹出的快捷菜单中选择"检索字段"命令就可以检索出网格控件 grdScore 的结构，出现四列名称分别为 Serial、Name、Period 和 Score，分别绑定到 OneScoret 的 Serial、Name、Period 和 Score 字段。将各列的名称分别改为课程号、学时和成绩。改变了这些列的大小，使其大小适合整个窗体的布局。

③ Course_type 数据连接和 Course 数据连接。

此数据连接在 8.6.6 节中已经有详细的介绍，具体设置如表 8-19 所示。

（3）代码设计

① 按照班级进行浏览。

在 cboDep 的 Click 事件中动态地改变 cboClass 的内容，把属于该系所有班级的名称填充到 cboClass 内容中。

```
Private Sub cboDep_Click()
    Dim rsClass As New ADODB.Recordset
    Dim strSQL
```

```
    If cboDep.ItemData(cboDep.ListIndex) = 0 Then    '在所在系中选择了全部
        strSQL = "select * from class"
    Else                                             '选择某一个具体的系
        strSQL="select*from  class  where dept_id=" & _
            cboDep.ItemData(cboDep.ListIndex)
    End If
    rsClass.Open strSQL, DataEnv.Con
    cboClass.Clear
    cboClass.AddItem "全部"
    While Not rsClass.EOF
        cboClass.AddItem rsClass("Name")
        rsClass.MoveNext
    Wend
    cboClass.ListIndex = 0
    rsClass.Close
    Set rsClass = Nothing
End Sub
```

"列出" 按钮的 Click 事件代码如下：

```
Private Sub cmdList_Click()              '针对所选的班级，列出班级中所有的学籍信息
   Dim strSQL
   If cboClass.Text = "全部" Then
     strSQL = " from student order by serial"
   Else
     strSQL = " from student where class='" & cboClass & "' order by serial"
   End If
   DataEnv.rssqlStudent.Close
   DataEnv.rssqlStudent.Open "select * " & strSQL
   Call RefreshGrid                      '刷新网格控件
   Call ChangeBrowseState
   Call grdScan_Change
End Sub
```

刷新导航的网格控件 grdScan 的子过程 RefreshGrid 的代码如下：

```
Sub RefreshGrid()                        '当改变记录集时，需要刷新整个网格控件
   grdScan.DataMember = ""
   grdScan.Refresh
   If DataEnv.rssqlStudent.State <>adStateClosed Then
      DataEnv.rssqlStudent.Close
    End If
   DataEnv.rssqlStudent.Open
   grdScan.DataMember = "sqlStudent"
   grdScan.Refresh                       '刷新各个绑定控件
   Call grdScan_Change
End Sub
```

② 使用自定义方式查询。

"查询" 按钮的 Click 事件代码如下：

```
Private Sub cmdSeek_Click()
  With frmFind
    Dim i As Integer
    Load frmFind     '显示查找窗口
    '填充查找窗体的字段列表框
```

```
    .lstFields.Clear
    For i = 0 To DataEnv.rsStudent.Fields.Count - 1
      .lstFields.AddItem (DataEnv.rsStudent(i).Name)
    Next i
    .lstFields.ListIndex = 0
    .Show 1
    If .mbFindFailed Then Exit Sub
    Dim sTemp As String
    If LCase(.msFindOp) = "like" Then
      sTemp = .msFindField & " " & .msFindOp & " '%" & .msFindExpr & "%'"
    Else
      sTemp = .msFindField & " " & .msFindOp & " '" & .msFindExpr & "'"
    End If
    sTemp = "select * from student where " & sTemp & " order by serial"
    Unload frmFind
  End With
 '查找数据，并刷新用以导航的网格控件
 DataEnv.rssqlStudent.Close
 DataEnv.rssqlStudent.Open sTemp
 Call RefreshGrid
 Exit Sub
errHandler:
    MsgBox "没有符合条件的纪录！",vbExclamation,"确认"
End Sub
```

③ 浏览框中的代码实现

```
Private Sub cmdFirst_Click()                        '移动第一条
    DataEnv.rssqlStudent.MoveFirst
    Call ChangeBrowseState
End Sub
Private Sub cmdLast_Click()                         '移动最后一条
    DataEnv.rssqlStudent.MoveLast
    Call ChangeBrowseState
End Sub
Private Sub cmdNext_Click()                         '移动下一条
    DataEnv.rssqlStudent.MoveNext
    Call ChangeBrowseState
End Sub
Private Sub cmdPrevious_Click()                     '移动上一条
    DataEnv.rssqlStudent.MovePrevious
    Call ChangeBrowseState
End Sub
```

子过程 ChangeBrowseState()的代码如下：

```
'用以在浏览时，根据当前记录所处的位置不同，来改变浏览按钮的状态
Sub ChangeBrowseState()
    With DataEnv.rssqlStudent
     '如果没有任何记录，则清空显示目录，并且使浏览部分和管理部分的按钮无效
     If .State = adStateClosed Then .Open
     '假如处于记录的头部
     If .BOF Then
        If Not .EOF Then DataEnv.rssqlStudent.MoveFirst
```

```
            cmdPrevious.Enabled = False
            cmdFirst.Enabled = False
        Else
            cmdPrevious.Enabled = True
            cmdFirst.Enabled = True
        End If
        '假如处于记录的尾部
        If .EOF Then
            If Not .BOF Then DataEnv.rssqlStudent.MoveLast
            cmdNext.Enabled = False
            cmdLast.Enabled = False
        Else
            cmdNext.Enabled = True
            cmdLast.Enabled = True
        End If
    End With
End Sub
```

④ grdScan 控件中的代码实现。

当 grdScan 的内容发生变化，用户通过单击改变 grdScan 的当前行，或者通过浏览框中的记录来移动 grdScan 的当前行，此时必须相应刷新用于显示成绩的 grdScore 控件。要在 grdScan 的 Change 和 RowColChange 事件中调用自定义的子过程 RefreshScore()来实现。

如果 grdScan 所连接的记录集的内容已经发生了变动，且该新的 grdScan 的记录集内容不为空，则要调用 RefreshScore()子过程。其中，grdScan. Columns(0).(grdScan.Bookmark)表示当前行的第一列的单元格的值。

```
Private Sub grdScan_Change()
    If grdScan.ApproxCount > 0 Then
        Call RefreshScore(grdScan.Columns(0).CellText(grdScan.Bookmark))
    End If
End Sub
```

如果 grdScan 的当前行发生了变化，即 LastRow <> grdScan.Bookmark。

```
Private Sub grdScan_RowColChange(LastRow As Variant,ByVal LastCol %)
    '当前行改变，则动态改变所要显示的记录
    If LastRow <> grdScan.Bookmark Then
        If grdScan.ApproxCount > 0 Then
            Call RefreshScore(grdScan.Columns(0).CellText(grdScan.Bookmark))
        End If
    End If
End Sub
```

RefreshScore 子过程的入口参数为 sSerial，表示所需定位的课程信息的编号。该子过程的作用在于：在 DataEnv.rssqlStudentScore 中，定位的编号为 sSerial 的记录，将该记录显示在 grdScore 内，并调用 Cacluate 方法来计算选课人数和课程成绩的平均分。RefreshScore 的子过程的定义如下：

```
'刷新学生号为 sSerial 的成绩的网格控件 grdScore
Sub RefreshScore(sSerial As String)
    With DataEnv.rsOneScore
        If .State <> adStateClosed Then .Close
        Dim str
```

```
          If sSerial = "" Then
            str="select course.*,score.score from  score,course where _
               course.serial=Score.courseid"
          Else
            str="select course.*,score.score from  score,course  where _
               course.serial=Score.courseid " &" and Score.studentid='"& _
                sSerial & "'"
          End If
          .Open str
          '根据 DataEnv.rsOneScore 的记录状态，来改变管理 grdScore 的各个按钮的状态
          If .BOF And .EOF Then
            cmdAdd.Enabled = True
            cmdEdit.Enabled = False
            cmdDelete.Enabled = False
            cmdReport.Enabled = False
          Else
            cmdAdd.Enabled = True
            cmdEdit.Enabled = True
            cmdDelete.Enabled = True
            cmdReport.Enabled = True
          End If
       End With
       grdScore.DataMember = "oneScore"
 grdScore.Caption="学号: "& grdScan.Columns(0).CellText(grdScan.Bookmark) _
    & " 姓名: " & grdScan.Columns(1).CellText(grdScan.Bookmark)
       grdScore.Refresh
       '计算该学生的总成绩和平均成绩
       Call Calculate(grdScan.Columns(0).CellText(grdScan.Bookmark))
    End Sub
```

在 Calculate 过程中，通过 SQL 语句取得课程的选课人数和课程成绩的平均分，并写到文本框中。Calculate 过程的代码如下：

```
    '通过当前学生的成绩，得到该学生的总成绩和平均成绩
    Sub Calculate(sSerial As String)
       Dim rs As New ADODB.Recordset
       Dim str
       str = "select avg(score) as avg_score,sum(score) as sum_score from _
           score where studentid='" & sSerial & "'"
       rs.Open str,DataEnv.Con,adOpenStatic
       If Not rs.EOF Then
       txtSum.Text = FormatNumber(rs("sum_score"),2)
       txtAverage.Text = FormatNumber(rs("avg_score"),2)
       End If
    End Sub
```

当用户双击 grdScan 窗体时，将会把视图切换到"成绩信息"选项卡，代码如下：

```
Private Sub grdScan_DblClick()
    sstMain.Tab = 1
End Sub
```

⑤ 成绩管理框的代码实现。

用户可以通过成绩管理框中的各个按钮来对成绩信息进行添加、删除和编辑等操作，并可生成报表。

增加课程成绩按钮（CmdAdd）的 Click 事件代码如下：

```
Private Sub cmdAdd_Click()
    On Error GoTo errHandler
    With frmAddCourse
        Load frmAddCourse
        .Caption = "添加成绩信息"
        .Show vbModal
        '如果用户没有单击"确认"按钮，则退出处理过程
        If Not .mbAdded Then
            Unload frmAddCourse
            Exit Sub
        End If
        '添加成绩记录
        Dim str
        str = "insert into score(StudentID,CourseID,Score) values('"
        str = str & grdScan.Columns(0).CellText(grdScan.Bookmark) & "','" _
        & .dcbSerial.Text & "','" & .txtScore.Text
        str = str & "')"
        DataEnv.Con.Execute str
        Unload frmAddCourse
    End With
    Unload frmAddCourse
    '刷新整个网格控件
    Call RefreshScore(grdScan.Columns(0).CellText(grdScan.Bookmark))
    Exit Sub
errHandler:
    MsgBox Err.Description,vbCritical,"错误"
End Sub
```

编辑课程成绩按钮（CmdEdit）的 Click 事件代码如下：

```
Private Sub cmdEdit_Click()
    '修改当前所选的成绩信息
    On Error GoTo errHandler
    With frmAddCourse
        Load frmAddCourse
        .Caption = "修改成绩信息"
    '将当前所定位的课程信息写入到 frmAddCourse 的 dcbSerial 和 dcbName 控件中
        .dcbSerial.Text = grdScore.Columns(0).CellText(grdScore.Bookmark)
        .dcbName.Text = .dcbSerial.BoundText
    '将当前所定位的课程的成绩写入到 frsScore.txtScore 中
        .txtScore.Text=grdScore.Columns(grdScore.Columns.Count-1). _
        CellText(grdScore.Bookmark)
        .cmdOK.Enabled = True
        .Show vbModal
    '如果用户没有单击"确认"按钮，则退出处理过程
      If Not .mbAdded Then
          Unload frmAddCourse
          Exit Sub
      End If
```

```
        '添加成绩记录
        Dim str
        str = "update score set score=" & .txtScore.Text
        str=str&"where studentid='" & grdScan.Columns(0). _
            CellText(grdScan.Bookmark) & "'"
        str = str & " and courseID='" & .dcbSerial.Text & "'"
        DataEnv.Con.Execute str
        Unload frmAddCourse
    End With
        Unload frmAddCourse
        '刷新整个网格控件
        Call RefreshScore(grdScan.Columns(0).CellText(grdScan.Bookmark))
        Exit Sub
errHandler:
    MsgBox Err.Description, vbCritical, "错误"
End Sub
```

删除课程成绩按钮（CmdDelete）的 Click 事件代码如下：

```
Private Sub cmdDelete_Click()
    On Error GoTo errHandler
    If MsgBox("确实要删除此成绩记录？",vbYesNo + vbQuestion + vbDefaultButton2, _
        "确认") = vbYes Then
        Dim sSerial
        sSerial = grdScore.Columns(0).CellText(grdScore.Bookmark)
        Dim stuSerial
        stuSerial = grdScan.Columns(0).CellText(grdScan.Bookmark)
        Dim str
        str="delete from score where studentid = '" & stuSerial & "' and _
        courseid='" & sSerial & "'"
        '使用 con 来删除所选的记录
        DataEnv.Con.Execute str
        DataEnv.rsOneScore.Requery
        '刷新 grdScore 控件
        grdScore.DataMember = "OneScore"
        grdScore.Refresh
        Call Calculate(grdScan.Columns(0).CellText(grdScan.Bookmark))
    End If
    Exit Sub
errHandler:
    MsgBox Err.Description, vbCritical,"错误"
End Sub
```

生成报表按钮的 Click 事件代码如下：

```
Private Sub cmdReport_Click()
    On Error Resume Next
    Dim rpt As New rptStudentScore
    Load rpt
    rpt.Caption = "学生" & grdScan.Columns(1).CellText(grdScan.Bookmark)_
    & "的成绩信息"
    rpt.Show 1
End Sub
```

2．变更学生成绩信息的窗体（frmAddCoursent）

在 frmStudentScore 窗体中单击"添加"或者"编辑"按钮时，就会进入此窗体，以便用户添加或者修改一个成绩信息。

在工程下添加一个窗体，命名为 frmAddCourse.frm。

（1）界面设计

frmAddCoursent 窗体的控件及其属性如表 8-26 所示。

表 8-26　FrmAddCourse 窗体的设置

对　象	属　性	属　性　值
窗体	Name	frmTeach
	Caption	为空
	BorderStyle	3-Fixed Dialog
	MaxButton	False
标签	Name	lblCourseType
	Caption	课程类型：
组合框	Name	CboType
	Style	2-Dropdown List
标签	Name	lblCourse
	Caption	课程号：
DataCombo1	Name	DcbSerial
	BoundColumn	Name
	LIstField	Serial
	RowMember	AddCourse
	RowSource	DataEnv
标签	Name	lblCourseName
	Caption	课程名：
DataCombo2	Name	DcbName
	BoundColumn	Serial
	LIstField	Name
	RowMember	AddCourse
	RowSource	DataEnv
标签	Name	lblScore
	Caption	成绩：
文本框	Name	txtScore
命令按钮	Name	cmdOk
	Caption	确定（&O）
命令按钮	Name	cmdCancel
	Caption	取消（&C）

（2）代码设计

```
'表示用户是否单击"确定"按钮,来添加一个课程信息
Public mbAdded As Boolean
```

Form 的 Load 事件的代码如下：

```
Private Sub Form_Load()
    mbAdded = False
    '从课程类型表重读取数据,写入到 cboType 中
    '将 name 写入到列表框中,id 写入对应的 ItemData 中
    cboType.Clear
    cboType.AddItem "全部"
    If  DataEnv.rsCourse_type.State=adStateClosed Then
       DataEnv.rsCourse_type.Open
  End If
     While Not DataEnv.rsCourse_type.EOF
        Dim s As String
        s = DataEnv.rsCourse_type.Fields("name")
        cboType.AddItem s
        cboType.ItemData(cboType.ListCount-1) = DataEnv.rsCourse_type("id")
        DataEnv.rsCourse_type.MoveNext
     Wend
     cboType.ListIndex = 0
End Sub
```

cboType 的 Click 事件的代码如下：

```
Private Sub cboType_Click()
    '单击课程类型时,动态的改变对应的课程类型号
    Dim strSQL
    If cboType.ListIndex <> 0 Then
      strSQL="Select * from course where typeid = " & _
      cboType.ItemData(cboType.ListIndex)
    Else
       strSQL = "Select * from course"
    End If
    If DataEnv.rsAddCourse.State <> adStateClosed Then
       DataEnv.rsAddCourse.Close
          End If
    DataEnv.rsAddCourse.Open strSQL
'刷新 dcbSerial 所列的课程类型号
    dcbSerial.RowMember = ""
    dcbSerial.Refresh
    dcbSerial.ReFill
    dcbSerial.RowMember = "AddCourse"
    dcbSerial.Refresh
    dcbSerial.ReFill
    dcbSerial = ""
'刷新 dcbName 所列的课程类型名
    dcbName.RowMember = ""
    dcbName.Refresh
    dcbSerial.ReFill
    dcbName.RowMember = "AddCourse"
    dcbName.Refresh
    dcbName.ReFill
```

```
    dcbName.Text = ""
    Call dcbName_Click(0)
    Call dcbSerial_Click(0)
    cmdOK.Enabled = (dcbSerial.Text <> "")
End Sub
```

dcbName 和 dcbSerial 的 Click 事件的代码如下：

```
Private Sub dcbName_Click(Area As Integer)          '动态改变 dcbSerial 中的课程号
    dcbSerial.Text = dcbName.BoundText
    cmdOK.Enabled = (dcbSerial.Text <> "")
End Sub
Private Sub dcbSerial_Click(Area As Integer)        '动态改变 dcbName 中的课程名
    dcbName.Text = dcbSerial.BoundText
    cmdOK.Enabled = (dcbSerial.Text <> "")
End Sub
```

txtScore 控件的事件代码如下：

```
Private Sub txtScore_Change()
    cmdOK.Enabled = Len(dcbSerial.Text) > 0 And Len(txtScore.Text) > 0
End Sub
Private Sub txtScore_KeyPress(KeyAscii As Integer)
'如果输入的字符不是数字或者顿号，则取消输入的字符
    If (KeyAscii > Asc("9") Or KeyAscii < Asc("0")) And KeyAscii <> Asc(".") _
    And KeyAscii <> vbKeyBack Then KeyAscii = 0
End Sub
```

"确定"和"取消"按钮的 Click 事件代码如下：

```
Private Sub cmdCancel_Click()
    mbAdded = False
    Me.Hide
End Sub
Private Sub cmdOK_Click()
    mbAdded = True
    Me.Hide
End Sub
```

3. 学生成绩报表（rptStudentScore）

当教师查看某一个学生的成绩时，可以对该学生的成绩信息生成报表，以便进行浏览或者打印。本部分的目的就是设计一个能够显示学生成绩列表的报表。

① 报表界面的设计如图 8-30 所示。

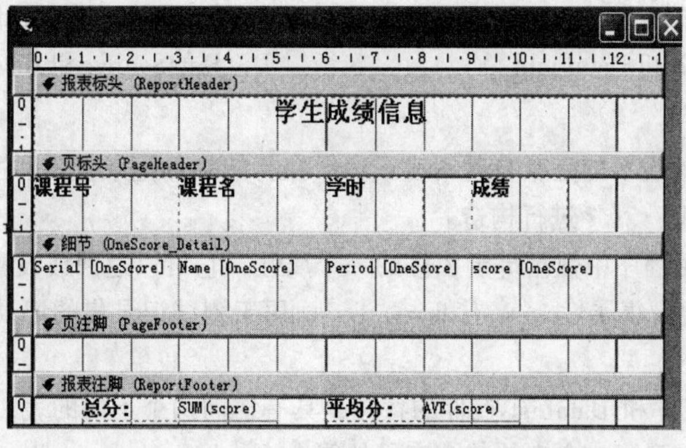

图 8-30　rptStudentScore 报表的设计示意图

② 授课信息报表的设置如图 8-30 所示。

根据图 8-30 所示的情况设置。

③ 保存程序，发布即可。

本 章 小 结

数据库管理系统是当前最为人们喜爱的，也是最实用的程序之一，VB 的强大数据库开发能力吸引着无数编程爱好者的学习。

本章主要讲述 VB 开发数据库系统理论知识及开发方法和技巧，并通过一个综合实例讲解制作的全过程。内容包括数据库管理器、常用数据控件的使用、SQL 结构化查询语言、ADO 控件等。

实 战 训 练

一、选择题

1. 将数据控件（Data 控件）连接数据库时，无须使用下列（　　）属性。

    A．RecordSource   B．DatabaseName

    C．EOFAction   D．Connect

2. 从 Data 控件记录集中取当前记录并显示于相应数据绑定控件上，应使用的方法是（　　）。

    A．UpdateControls   B．Refresh

    C．UpdateRecord   D．AddNew

3. 如果想将 DataList 控件或 DataCombo 控件上显示的数据的某一项写入数据库，那么它们与数据库的绑定通过属性（　　）实现。

    A．BoundColumn 和 BoundText   B．RowSource 和 Listfield

    C．DataSource 和 DataField   D．DataSource 和 RowSource

4. 在设计时设置了 DataGrid 控件的（　　）属性后，就会用数据源的记录集来自动填充该控件，以及自动设置该控件的列标头。

    A．DataSource   B．RowSource   C．Recordsource   D．Source

5. 如果想将 DataList 控件或 DataCombo 控件上显示的数据的某一项写入数据库，那么它们与数据库的绑定通过属性（　　）实现。

    A．BoundColumn 和 BoundText   B．RowSource 和 Listfield

    C．DataSource 和 DataField   D．DataSource 和 RowSource

二、填空题

1. Recordset 对象表示的是来自基本表或命令执行结果的记录全集。所有 Recordset 对象均使用 _____ 和 _____ 进行构造。

2. _____ 是应用程序中数据绑定控件的一个属性，它可以返回或设置一个数据源。

3. 数据控件的记录集属性 _____ 和 _____，用于测试记录集的记录指针是否指到了有效记录范围之外。

4. DataCombo 控件和 DataList 控件的特性是具有访问两个不同的表，并且可以将第一个表的数据 _____ 到第二个表的某个字段的能力。

5. 命令 Data1.Recordset._____执行一次只能删除当前这条记录。

三、操作题

利用 VB 6.0 作为前台，Access 2003 作为后台开发图书管理系统。

> **提 示**
>
> 开发本系统的总体任务是实现图书管理的系统化和自动化，帮助图书管理人员更好地完成图书管理工作。要完成的功能有：
>
> 书籍管理部分：包括书籍类别管理和书籍信息管理两部分。书籍类别管理包括书籍类别的添加、修改等功能；书籍信息管理包括书籍信息的添加、修改、查询、删除。
>
> 读者管理部分：包括读者类别管理和读者信息管理两部分。读者类别管理包括读者类别的添加、修改等；读者信息管理包括读者信息的添加、修改、删除、查询等。
>
> 借阅管理部分：包括借书信息管理和还书信息管理两部分。借书信息管理包括借书信息的添加、修改、查询等；还书信息管理包括还书信息的添加、修改、查询等。
>
> 系统管理：包括修改系统用户密码、增加新用户等。

参 考 文 献

[1] 王学卿. Visual Basic 程序设计试题汇编[M]. 北京：中国铁道出版社，2007.

[2] 李畅. Visual Basic 程序设计[M]. 北京：中国铁道出版社，2005.

[3] 核心研究室，齐峰. Visual Basic 6.x 程序设计[M]. 北京：中国铁道出版社，2002.

[4] 陈冬亮. Visual Basic 6.0 程序设计实用教程[M]. 北京：机械工业出版社，2008.

[5] 黄冬梅，等. Visual Basic 6.0 程序设计案例教程[M]. 北京：清华大学出版社，2008.

[6] 郭圣路，等. Visual Basic 6.0 中文版从入门到精通[M]. 北京：电子工业出版社，2008.

[7] ZAK D. Visual Basic 6.0 程序设计[M]. 张云鹏，等译. 北京：电子工业出版社，2007.

[8] 夏邦贵，等. Visual Basic 6.0 数据库开发经典实例精解[M]. 北京：机械工业出版社，2006.

[9] 武洪萍. Visual Basic 数据库应用[M]. 北京：中国电力出版社，2006.

[10] 丁爱萍，等. Visual Basic 程序设计[M]. 2版. 西安：西安电子科技大学出版社，2004.

[11] 李兰友，等. Visual Basic 程序设计及实训教程[M]. 北京：清华大学出版社，2003.

[12] 刘钢. Visual Basic 程序设计与应用案例[M]. 北京：高等教育出版社，2003.

[13] 刘志铭，等. Visual Basic 数据库开发实例解析[M]. 北京：机械工业出版社，2003.

[14] 唐学忠. Visual Basic 程序设计教程[M]. 北京：中国电力出版社，2002.

[15] 柳青，等. Visual Basic 程序设计教程[M]. 北京：高等教育出版社，2002.

[16] 龚沛曾. Visual Basic 程序设计教程简明教程[M]. 2版. 北京：高等教育出版社，2002.

[17] 段银田，等. Visual Basic 程序设计基础[M]. 北京：高等教育出版社，2002.

[18] 林陈雷，等. Visual Basic 教育信息化系统开发实例导航[M]. 北京：人民邮电出版社，2003.

Learn more about it !

笔记栏

笔记栏